实验设计数据处理与计算机模拟

孙培勤　孙绍晖　主编

U0276072

中国石化出版社

内 容 提 要

本书主要涉及实验设计、数据处理和计算机模拟三部分内容，具体包括：误差理论和测定结果表达、统计推断和显著性检验、线性回归、曲线拟合、误差分析和实验设计、单因素及双因素优选法、多因素优选的正交设计法、二次回归正交实验设计、均匀实验设计、数学模拟实验、模型判别与序贯实验设计、置信域与统计的实验设计、准确求取反应动力学参数、Monte Carlo 模拟、分形的基础及应用、人工神经网络、数据挖掘与人工智能、常用数据处理软件（Excel、Origin、Mathcad、Matlab、Design-Expert）简介。

本书强调实用性，可操作性，解决问题的思路，大力简化数学原理的叙述，着重讲清数学公式的具体应用和操作步骤。

本书适合化学、化工、轻工、材料、环境等相关专业的人员阅读，也可供研究生、工程师、高等院校的教师参考。

图书在版编目（CIP）数据

实验设计数据处理与计算机模拟／孙培勤，孙绍晖主编．—北京：中国石化出版社，2018.2
ISBN 978-7-5114-3695-5

Ⅰ．①实… Ⅱ．①孙… ②孙… Ⅲ．①试验设计②实验数据-数据处理③试验设计-计算机模拟
Ⅳ．①0212.6

中国版本图书馆 CIP 数据核字（2018）第 012721 号

中国石化出版社出版发行
地址：北京市朝阳区吉市口路 9 号
邮编：100020　电话：（010）59964500
发行部电话：（010）59964526
http://www.sinopec-press.com
E-mail：press@sinopec.com
北京富泰印刷有限责任公司印刷
全国各地新华书店经销
*
700×1000 毫米 16 开本 14 印张 275 千字
2018 年 2 月第 1 版　2018 年 2 月第 1 次印刷
定价：38.00 元

前　言

　　化学、化工、轻工、材料、环境等需要试验与观测的多门类学科专业，都有一个共同目标，就是寻找所研究与观测对象的变化规律。通过规律的研究获得各种实用的目的，如：最佳的配方和工艺条件；优异性能的产品；对产品质量、环境质量作出评价等。自然科学和工程技术中所进行的试验，是一种有计划的实践，试验结果会产生大量的观测数据。如何科学地设计实验，对实验所观测的数据进行分析和处理，获得研究观测对象的变化规律，达到各种实用的目的就是本书要叙述的主要内容。所谓规律，一般都具有定性和定量的两个方面。本书的目的是为读者提供各种寻找规律的工具，且把重点放在定量的方法上。

　　作者在多年的科研活动中，在指导硕士生、博士生攻读学位，发表论文的工作中遇到和解决了大量的实验设计和数据处理问题，积累了一些经验。编写本书的意图是将这些经验介绍给读者，为读者提供一套解决问题的实用的思路和方法，以启发思路，给专科生、本科生、研究生提供最基础的训练和了解新知识、新方法的机会。为了给读者留下深刻、清晰和简洁的解决问题的思路，书的篇幅做了最大限度的压缩，若读者涉及更为深入和具体的内容，可参阅列出的参考文献。本书选择低、中、高三个层次的内容，适应不同层次读者的需要。第1章至第7章是最基础的部分，包括：1. 误差理论和测定结果表达；2. 统计推断和显著性检验；3. 线性回归；4. 曲线拟合；5. 误差分析和实验设计；6. 单因素及双因素优选法；7. 多因素优选的正交设计法。第8章至第13章是中级的部分，包括：8. 二次回归正交实验设计；9. 均匀实验设计；10. 数学模拟实验；11. 模型判别与序贯实验设计；12. 置信域与统计的实验设计；13. 准确求取反应动力学参数。第15章至第17章是提高的部分，包括：14. Monte Carlo 模拟；15. 分形的基础及应用；16. 人工神经网络。17. 数据挖掘与人工智能。第

18 章是常用数据处理软件 Excel、Origin、Mathcad、Design - Expert、Matlab 的简介，是学习应用数据处理软件的基础。

本书强调实用性、可操作性、解决问题的思路，大力简化数学原理的叙述，着重讲清数学公式的具体应用和操作步骤，使读者在学完之后能独立处理问题，包括常用数据处理软件的使用和进一步在相关理论的基础上建立模型、进行计算机模拟。书中列举的实例大多是作者处理过的问题。

本书第 1、13 章由涂维峰编写，第 2 章由王重庆编写，第 3 章由关红玲编写，第 4、16 章由沈祥建编写，第 6、7 章由孟博编写，第 17 章由陈浩编写，第 18 章由袁世岭、马炜编写，第 8、9、12、14、15 章由孙培勤编写，第 5、10、11 章由孙绍晖编写。

限于水平，书中可能存在一些不足，甚至错误，敬请读者和同行专家批评指正。

编　者
2018 年 1 月

目　　录

第1章 误差理论和测定结果表达

为了定量地研究目标对象，需要采集能反映对象性质的各种观察和测量数据。对于环境保护工作者，有害物质种类和含量是最基础的数据，不论是大气、废水还是废渣中有害物质的含量都要靠测量才能得到。对于化学工艺工作者，温度、压力、浓度、转化率是最基础的数据，也要靠测定才能够得到。对于材料科学工作者，必须了解材料的力学、电学等多方面的性能，这些性能，也还是要靠测量才能得到的。但是，不论测量工作者如何精心，在采样和分析测试过程中仍不可避免地会产生误差。

各种测定量的大小(真值)是客观存在的，但常常是未知的，只能随着人类认识水平和科学技术水平的提高而逐步逼近于真值。在实际工作中，我们只能用多次测量的平均值代替真值，得到在一定范围内相对准确的结果。要确定这样一个结果，就必须在测定过程中尽量减少误差，并在测量和处理数据中采用数理统计的方法。本章的内容就是在介绍误差理论的基础上，讨论测量结果的正确表达方法及测量值的坏值剔除原则。

1.1 测量误差的分类

误差是测量结果与真值的接近程度，因此也是测量结果与真值之差。误差按其来源和性质可分为三类。

(1) 系统误差：系统误差是由较确定的原因引起的，对结果的影响较为恒定。如：用未经校准的天平称量样品，用未经校核的移液管量取溶液，用未经纯化的试剂进行化学分析等都会产生系统误差。系统误差有一定的方向性，即测量结果总是偏高或偏低，重复测定不能发现和减少系统误差。系统误差可采用不同的方法校正和消除。

(2) 随机误差：随机误差是由不确定原因引起的。操作者虽然仔细操作，外界条件尽量取得一致，但测得的一系列数据往往仍有差别，且测量值的误差有时正，有时负，有时大，有时小，这是由某些微小的偶然变化因素造成，是不能控制的。如用分析天平称某一试样，多次测量，仍在 0.1mg 上下波动。气流、环境震动、试样暴露在空气中的时间等细微变化都将影响结果。测量次数少，似乎看不出什么规律性，但测量次数多了，就可发现它的统计规律性。增加实验次数可减少随机误差。

（3）过失误差：过失误差是指一种显然与事实不符的误差，往往由于操作者操作不正确或其他疏忽而引起。例如，器皿不洁净，看错砝码，读错刻度，加错试剂，计算或记录错误等，这些都属于不应有的过失，会对分析结果带来严重影响，必须注意避免。已经发现上述过失的测定结果，应予剔除。

1.2　随机误差的统计规律性

为了了解随机误差的统计规律，先研究一个实例。

例 1.1　如果让全班同学都从同一瓶溶液中取出样品，各自进行滴定，测出浓度，尽管绝大部分同学测出的数值相差不大，但总不会完全相同。为了研究随机误差的特性，曾对某一吸附残液的 $HgCl_2$ 浓度作了多方面的核对，证明其浓度为 0.804g/L。这个值，可以作为残液浓度的真值。随后又组织一个班的同学，共进行 120 次滴定，结果见表 1.1。

表 1.1　对 $HgCl_2$ 浓度（g/L）120 次重复测定结果

0.86	0.83	0.77	0.81	0.81	0.8	0.79	0.82
0.82	0.81	0.81	0.87	0.82	0.78	0.8	0.81
0.87	0.81	0.77	0.78	0.77	0.78	0.77	0.77
0.77	0.71	0.95	0.78	0.81	0.79	0.8	0.77
0.76	0.82	0.8	0.82	0.84	0.79	0.9	0.82
0.79	0.82	0.79	0.86	0.76	0.78	0.83	0.75
0.82	0.78	0.73	0.83	0.81	0.81	0.83	0.89
0.81	0.86	0.82	0.82	0.78	0.84	0.84	0.84
0.81	0.81	0.74	0.78	0.78	0.8	0.74	0.78
0.75	0.79	0.85	0.75	0.74	0.71	0.88	0.82
0.76	0.85	0.73	0.8	0.81	0.79	0.77	0.78
0.81	0.87	0.83	0.65	0.64	0.78	0.75	0.82
0.8	0.8	0.77	0.81	0.75	0.83	0.9	0.8
0.85	0.81	0.77	0.78	0.82	0.84	0.85	0.84
0.82	0.85	0.84	0.82	0.85	0.84	0.78	0.78

如果用横坐标表示报告的顺序，纵坐标表示报告结果（浓度），绘出图来（图1.1），可见多次测量的结果，尽管互不相同，但是，它们都在真值 0.804 附近摆动。说明测量误差主要是随机误差，而不是系统误差。

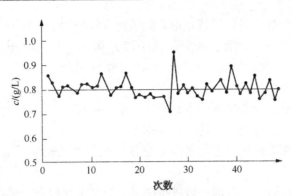

图 1.1 测量值的随机误差

为了更清楚地看出这 120 次结果遵从的分布规律，我们再把这 120 个数据做成频数分布图或称直方图，确定它的分布密度。为此，先对这 120 个数据由小到大进行分组，为了使每一个数据都能被归并到组内，分组边界值多取一位数字。取起点为 0.635，终点为 0.955，均匀分成 16 组，组距 0.02，结果见表 1.2。

表 1.2 对 120 组实验数据分组结果

分 组	频 数	分 组	频 数
0.635~0.655	2	0.795~0.815	24
0.655~0.675	0	0.815~0.835	21
0.675~0.695	0	0.835~0.855	14
0.695~0.715	2	0.855~0.875	6
0.715~0.735	2	0.875~0.895	2
0.735~0.755	8	0.895~0.915	2
0.755~0.775	13	0.915~0.935	0
0.775~0.795	23	0.935~0.955	1

将表 1.2 的数据做出直方图，如图 1.2 所示。

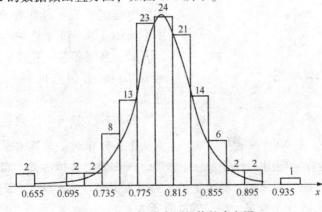

图 1.2 $HgCl_2$ 浓度测量值的直方图

从直方图上，我们可以更清楚地看到随机误差的四个特性：

（1）全部数据中最大值为 0.95，最小值为 0.64。与真值相比，最大负误差约为-0.16，最大正误差约为+0.15，120 个数据的误差，都不超过这个界限。误差的这个特性，我们称之为"有界性"。

（2）绝对值小的误差出现的次数多并集中在中线左右，绝对值大的误差出现的次数少并分布于左右两侧。这一特性称之为"单峰性"。

（3）绝对值相等的正误差与负误差出现的次数大致相等，这一特性称为"对称性"。

（4）在同一条件下，对同一量进行测量，测量次数增加，随机误差减小。测量次数无限多时，观测值的算术平均值趋于真值，误差平均值的极限为零。这一特性称为随机误差的"补偿性"。

有许多观测对象，它们的真值是无法直接得到的。但是，根据第四条特性，我们可以用全班同学测定的大批数值的算术平均值代替真值。

1.3 正态分布与 t 分布

1.3.1 正态分布

从直方图 1.2 可以看出，测定值的分布曲线大体上是一正态分布。大量的实验证明，随机误差服从正态分布。按照概率论，正态分布密度函数 $p(x)$ 是：

$$p(x) = \frac{1}{\sqrt{2\pi}\,\sigma}\exp\left[\frac{1}{2\sigma^2}(x-\mu)^2\right] \tag{1.1}$$

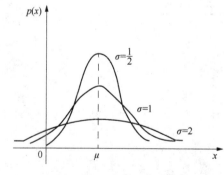

图 1.3　正态分布曲线图

式中参数 μ、σ 是正态分布的数字特征。当 μ 和 σ 值确定之后，$p(x)$ 随 x 的变化曲线就确定了。$p(x)$ 在直角坐标系内的图形见图 1.3。该线呈钟形，最大点在 $x=\mu$ 处，曲线相对于直线 $x=\mu$ 对称，在 $x=\mu\pm\sigma$ 处有拐点曲线，以 x 轴为渐进线。

在测量次数很多、测量值误差分布服从正态分布时，其算术平均值 $\bar{x}$ 趋于真值 μ，μ 称为数学期望。σ^2 称为总体方差，σ 称为总体标准差。自图 1.3 可以看出，σ 越小，曲线越陡峭，随机变量 x 离散程度越小。σ 越大，随机变量 x 离散程度越大，曲线分布越宽。相关的计算式为：

总体平均值 $\bar{x}$：
$$\bar{x} = \frac{1}{n}\sum_{1}^{n} x_i \tag{1.2}$$

总体方差 σ^2：
$$\sigma^2 = \frac{\sum\limits_{i=1}^{n}(x_i - \mu)^2}{n} = \frac{\sum\limits_{i=1}^{n}(x_i - \bar{x})^2}{n} \tag{1.3}$$

总体标准差 σ：
$$\sigma = \sqrt{\frac{\sum\limits_{i=1}^{n}(x_i - \mu)^2}{n}} = \sqrt{\frac{\sum\limits_{i=1}^{n}(x_i - \bar{x})^2}{n}} \tag{1.4}$$

作数学变换，令

$$u = \frac{x - \mu}{\sigma} \tag{1.5}$$

u 仍是正态分布，只是变成了均值为 0、标准差为 1 的标准正态分布。这时，式 (1.1) 简化为：

$$f(u) = \frac{1}{\sqrt{2\pi}}\exp\left(\frac{u^2}{2}\right) \tag{1.6}$$

写出积分式

$$F(u) = \int_{u_1}^{u_2} f(u)\,\mathrm{d}u \tag{1.7}$$

$F(u)$ 表示 u 值在 u_1 到 u_2 之间出现的概率。若 $u_1 = -\infty$，$u_2 = \infty$，按归一化的原则，$F(u) = 1$，表示 u 出现在 $\pm\infty$ 区间的概率为 100%。若取 $u_1 = -1$，$u_2 = +1$，则 $F(u) = 68.26\%$。若 u 在 ± 2 的区间，$F(u) = 95.44\%$。若 $u = \pm 3$，$F(u) = 99.74\%$。见图 1.4。

因为，$\mu = \bar{x}$，由式 (1.5) 得出 $x = \bar{x} \pm u\sigma$。这就是说，测量值 x 出现在 $x = \bar{x} \pm \sigma$ 的区间概率为 68.26%，不出现在这个范围的概率为 31.74%。同样，在 $\pm 3\sigma$ 的范围内，测量值 x 出现的概率为 99.74%，不出现在这个范围的概率为 0.26%。在统计上，把出现的概率用 $1 - \alpha$ 表示，不出现的概率

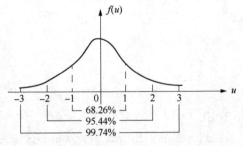

图 1.4　正态分布下的概率

用 α 表示。由于曲线是对称的，左右两边不出现的概率各占 $\alpha/2$。α 也称为检验水平，若 α 取 0.05，就是说，有 95% 的把握测量值不应该出现在这个区间。每一个 α 值对应一个 $F(u)$ 值，如 $\alpha = 0.0456$，$u = 2$；$\alpha = 0.05$，$u = 1.96$。

1.3.2 t 分布

通常在实际的实验室测试工作中，都是小样本试验或小样本监测，测量次数 n 大多小于 30，不符合正态分布适应于大样本的要求。由小样本观测的结果不能代表总体，所以也不能求得总体平均值和总体标准差。这样以正态分布为基础的统计推断会使实验工作者得出错误的结论，爱尔兰化学家戈塞特（W. S. Gosstt）首先发现了这个问题。在 1908 年，他用"Student（学生）"的笔名发表了一篇论文，题目是"平均值的概率误差"，他一方面从理论考虑，另一方面抽取一些小的随机样本，导出了来自正态分布的小样本平均值的理论分布，这就是在统计检验中应用十分广泛的学生氏 t 分布。

样本方差 s^2 和样本标准差的计算式是：

样本方差：
$$s^2 = \frac{\sum_{i=1}^{n}(x_i - \bar{x})^2}{n-1} \tag{1.8}$$

样本标准差：
$$s = \sqrt{\frac{\sum_{i=1}^{n}(x_i - \bar{x})^2}{n-1}} \tag{1.9}$$

这时，样本均值就是 n 次测量的算术平均值 $\bar{x}$，仍用式（1.2）计算，但是，由于样本较少，不能认为样本均值 $\bar{x}$ 等趋于真值 μ，它与真值可能存在着偏差，偏差值为 $\bar{x}-\mu$。但样本方差和样本标准差的计算的计算式（1.8）和式（1.9）则与式（1.3）和式（1.4）稍有不同，应予注意。在 $n\to\infty$ 时，$s\to\sigma$。

定义统计量 t 为：
$$t = \frac{\bar{x}-\mu}{s/\sqrt{n}} \tag{1.10}$$

式（1.10）和式（1.5）对应，只是 x 换为 $\bar{x}$，σ 换为 $s/\sqrt{n}$。

经过一系列的推导证明 t 分布的密度函数 $f(t)$ 为：

$$f(t) = \frac{\Gamma\left(\dfrac{n}{2}\right)}{\sqrt{(n-1)\pi}\,\Gamma\left(\dfrac{n-1}{2}\right)}\left(1+\frac{t^2}{n-1}\right)^{-\frac{n}{2}} \qquad -\infty < t < \infty \tag{1.11}$$

这个随机变量只与样本容量 n 有关。$f=n-1$，称为自由度。当 α 和 f 确定之后，t 分布的临界值可自附表 1 中查出。不同自由度 f 下的 t 分布曲线见图 1.5。

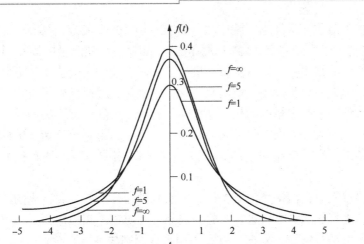

图 1.5 不同自由度下的 t 分布曲线

t 分布的概率密度函数取决于样本的自由度 f 值和 t 值。t 分布是个对称分布，类似于正态分布，对称中线在 $t=0$ 处。曲线的中间比正态分布低，两侧翘得比正态分布略高（图 1.5）。它的形状随自由度而变，当自由度小于 10 时，t 分布曲线与正态分布曲线差别较大。当自由度大于 20 时，t 分布曲线逐渐逼近于正态分布；当自由度趋向无限大时，t 分布曲线就完全成为正态分布曲线了。

图 1.5 和图 1.4 是对应的。在标准正态分布中，$\sigma=1$，图中只有一条曲线。但在 t 分布中，$f(t)$ 还与自由度 f 或测量次数 n 有关。随 f 不同，就有不同的曲线，这是二者不同之处。当 f 或 n 确定后，可以作与式(1.7)式相似的积分，求出 t 值在指定区间出现的概率。同样，出现的概率用 $1-\alpha$ 表示，不出现的概率用 α 表示。由于曲线是对称的，曲线双方不出现的概率也是各为 $\alpha/2$。

总之，在无限多次的测定中，随机误差和测量值服从正态分布，而在有限次数特别是次数很少（小于 10 次）的测量中，随机误差和测量值遵从 t 分布。

例 1.2 用原子吸收法测定某试样中镉的含量，五次测定结果是 0.041，0.046，0.048，0.038，0.045mg/L，求五次测定的均值和标准差。

解：由式(1.2)得样本均值 $\bar{x}=0.0436$，由式(1.9)得样本标准差 $s=0.004037$。

1.4 样本异常值的判断和处理

1.4.1 异常值的判断和处理原则

样本异常值是指样本中的个别值，其数值明显偏离它所在样本的其余观测值。异常值可能仅仅是数据中固有的随机误差的极端表现，属于"误差大正常值"，也可能是过失误差造成的"异常坏值"。如果一系列测量中混有"坏值"，必然会歪曲实验的结果，这时若能将该值剔除不用，就一定会使结果更符合客观情况。反过来说，一组正确测量值的分散性，本来是客观地反映了应用某种仪器在某种特定条件下进行测量的随机波动特性，若为了得到精度更高的结果，而人为地丢掉一些误差大一点的、但不属于坏值的测量值，得到的所谓分散性很小、精度很高的结果，实质上是虚假的。所以怎样正确剔除"坏值"是实验中经常碰到的问题。

在实验过程中，读错、记错，仪器突然跳动、突然震动而造成的测量坏值随时发现，随时就剔除，重新进行实验。但是，有时整个实验作完后，也不能确知哪一个测量值是"坏值"，这时，就必须用统计判别法进行判断。

判断异常值的检验规则应根据不同的目的而采用不同的方法。一般情况下，可以采用较简单的坏值剔除方法，异常值检验的显著性水平 α 推荐值为 1%，不宜采用超过 5% 的 α 值。根据 α 及观测的个数 n，确定统计量的临界值。检验时，将一批数据代入统计量公式，所得统计量的值超过临界值时，则判断事先待查的极端值为异常，否则就判断没有异常。

对于用统计方法检出的异常值，应尽可能寻找其技术上的和实验上的原因，作为处理异常值的依据。异常值的处理应持十分慎重的态度，处理的方式有：

（1）异常值保留在样本中参加其后的数据统计计算。

（2）允许剔除异常值，即把异常值从样本中排除。

（3）允许剔除异常值并追加适宜的观测值代入样本。

（4）在找到实际原因时修正异常值，实验者应根据实际问题的性质并权衡寻找产生异常原因的花费，正确判断异常值的得益和错误剔除正常观测值的风险。按下述规则之一进行研究：①对于任何异常值，若无充分的技术上的原因，则不得剔除或修正。②异常值中除有充分的技术上的或实验上的理由外，在统计上表现为高异常，允许剔除或修正。被剔除或修正的观测值及其理由，应认真记录，以备查阅。对于化学工艺研究中，一般不将坏值剔除的过程写入论文中。

1.4.2 简单的坏值及其剔除原则

（1）拉依达准则：设对某量等精度独立测量得值 x_1，x_2，…，x_n，算出平均值 $\bar{x}$ 及标准差 σ。如果某个测量值 x_d 的偏差 $d_i(d_i=x_d-\bar{x})$ 满足下式：

$$|d_i|>3\sigma \tag{1.12}$$

就认为 x_d 是含有过失误差的坏值，须剔除不要。既然误差绝对值大于 3σ 的概率

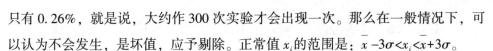

只有 0.26%，就是说，大约作 300 次实验才会出现一次。那么在一般情况下，可以认为不会发生，是坏值，应予剔除。正常值 x_i 的范围是：$\bar{x}-3\sigma<x_i<\bar{x}+3\sigma$。

现用拉依达准则判别例 1.1 的数据是否存在坏值。

由于：$\bar{x}=0.803$，$\sigma=0.045$，$3\sigma=0.135$，$\bar{x}-3\sigma=0.668$，$\bar{x}+3\sigma=0.938$，这样测量值小于 0.668 的，大于 0.938，都可以认为是坏值，应予剔除舍弃。检查结果发现 0.95，0.65，0.64 三个数均属于剔除之列。

剔除这三个数据之后，要重新计算算术平均值和标准差，得：

$\bar{x}=0.804$，$\sigma=0.038$，$3\sigma=0.114$，$\bar{x}-3\sigma=0.690$，$\bar{x}+3\sigma=0.918$

检查结果，剩余 117 个数据，没有大于 0.91 或小于 0.68 的数据，因而应该全部保留。

（2）肖维勒准则：当某测量值 x_d 的偏差 d_i 满足

$$|d_i|>w_n\sigma \qquad (1.13)$$

时，坏值 x_d 应剔除，式中 w_n 由表 1.3 查出。正常值 x_i 的范围是：$\bar{x}-w_n\sigma<x_i<\bar{x}+w_n\sigma$。

肖氏认为，坏值 x_d 究竟应该大于标准差 σ 的多少倍应与实验次数 n 有关，用 w_n 表示这个倍数，他提出如表 1.3 所示的数值表。

表 1.3　肖维勒系数 w_n 数值表

n	w_n	n	w_n	n	w_n	n	w_n
3	1.36	10	1.96	17	2.17	24	2.31
4	1.53	11	2.00	18	2.20	25	2.33
5	1.65	12	2.03	19	2.22	30	2.39
6	1.73	13	2.07	20	2.24	50	2.58
7	1.80	14	2.10	21	2.26	100	2.81
8	1.86	15	2.13	22	2.28	200	3.02
9	1.92	16	2.15	23	2.30	500	3.20

例 1.1 中这组数据共做 120 次，w_n 在 2.81~3.02 之间，取 $w_n=2.85$。

$\bar{x}=0.803$，$\sigma=0.045$，$w_n\sigma=0.128$，$\bar{x}-w_n\sigma=0.675$，$\bar{x}+w_n\sigma=0.931$。即小于 0.67、大于 0.93 的数值应予剔除，查对结果，仍是 0.95，0.65，0.64 三个数据。剔除之后，剩余 117 个数据，重算 $\bar{x}$ 和 σ。

此时，$\bar{x}=0.804$，$\sigma=0.038$，$w_n=2.846$，$\bar{x}-w_n\sigma=0.696$，$\bar{x}+w_n\sigma=0.912$。检查结果，剩余 117 个数据，没有大于 0.91 或小于 0.69 的数据，因而应该全部保留。

1.4.3 单个异常值的检验——狄克松检验准则

一组观测值中单个异常值的检验有多种方法，狄克松(Dixon)法是应用最广泛的一种，由于该法简便且适用于小样本观测值的检验，故已成为国际标准化组织(ISO)和美国材料试验协会(ASTM)的推荐方法。狄克松检验法适用于一组观测值的一致性检验和剔除一组观测中的异常值。狄克松检验的要点如下：

(1) 将一组观测值按从小到大的顺序排列为 x_1，x_2，$\cdots x_n$，则异常的观测值必然出现在两端，即 x_1 或 x_n。

(2) 根据样本容量的大小以及所要检验的异常值 x_1 或 x_n，按统计量表中的相应公式计算统计量 γ。

最小值可疑时，$\gamma = \dfrac{x_2 - x_1}{x_n - x_1}$ (1.14)

最大值可疑时，$\gamma = \dfrac{x_n - x_{n-1}}{x_n - x_1}$ (1.15)

(3) 当求得的统计量大于相应显著性水平和观测次数的临界值时，则此异常值应该舍弃，一般取 $\alpha = 0.01$ 或 $\alpha = 0.05$。

若 $\gamma > \gamma_{0.01}$，则异常应舍弃。

若 $\gamma_{0.05} < \gamma \leqslant \gamma_{0.01}$，则异常值为偏离值，应查明原因，决定保留或舍弃。

若 $\gamma \leqslant \gamma_{0.05}$，则异常值为正常值，应予以保留。

现对于例1.2的五次测定值用狄克松检验准则进行判断，极小值0.038是否应舍去。按手续，将数据按大小顺序排列：0.038，0.041，0.045，0.046，0.048。

计算统计量：$\gamma = \dfrac{x_2 - x_1}{x_n - x_1} = 0.300$

查 Dixon 临界值(表1.4)，$n = 5$，$\alpha = 0.01$ 和 $\alpha = 0.05$。$\gamma_{0.01,5} = 0.780$，$\gamma_{0.05,5} = 0.642$。因计算所得 $\gamma < \gamma_{0.05,5}$，故极小值0.038不应舍弃。

表1.4 Dixon 检验统计量和临界值

n	γ	α		n	γ	α	
		0.05	0.01			0.05	0.01
3	$\gamma = \dfrac{x_2 - x_1}{x_n - x_1}$	0.941	0.988	7	(最大值可疑)	0.507	0.637
4	(最小值可疑)	0.765	0.889	8	$\gamma = \dfrac{x_2 - x_1}{x_{n-1} - x_1}$	0.554	0.683
5		0.642	0.780	9		0.512	0.635
6	$\gamma = \dfrac{x_n - x_{n-1}}{x_n - x_1}$	0.560	0.698	10	$\gamma = \dfrac{x_n - x_{n-1}}{x_n - x_2}$	0.477	0.597

续表

n	γ	α		n	γ	α	
		0.05	0.01			0.05	0.01
11	$\gamma=\dfrac{x_3-x_1}{x_{n-1}-x_1}$	0.576	0.679	21		0.440	0.524
12		0.546	0.642	22		0.430	0.514
13	$\gamma=\dfrac{x_n-x_{n-2}}{x_n-x_2}$	0.521	0.615	23		0.421	0.505
14	$\gamma=\dfrac{x_3-x_1}{x_{n-2}-x_1}$	0.546	0.641	24		0.413	0.497
15		0.525	0.616	25		0.406	0.489
16		0.507	0.595	26		0.399	0.486
17	$\gamma=\dfrac{x_n-x_{n-2}}{x_n-x_3}$	0.490	0.577	27		0.393	0.475
18		0.475	0.561	28		0.387	0.469
19		0.462	0.547	29		0.381	0.463
20		0.450	0.535	30		0.376	0.457

1.5　测量结果的区间估计

实验测定的目的就是要通过对局部样本有限次数的测量来推断出总体的均值，用平均值代替真值，称为点估计值。但是由于各种误差的存在，样本平均值不可能完全等于总体平均值，因此不能使用一个值来估计总体均值，而宜于用一个包括总体均值的区间来进行估计，这种区间包括了样本的均值和合理的误差范围，这种估计的方法叫做区间估计。

在进行区间估计时，要以一定的概率来估计总体均值含在某个区间之中，则这一区间称为置信区间。置信区间的端点称为置信限。总体平均值 μ 的置信区间可表达如下：

$$\mu=\bar{x}\pm\frac{s}{\sqrt{n}}t_{\alpha,f} \tag{1.16}$$

式中　$t_{\alpha,f}$——t 的分布临界值，可自附表1中查出；

　　　α——检验水平(一般情况下 α 取 0.05)；

　　　f——自由度，$f=n-1$。

上式的概率意义是，真值(总体平均值)μ 落在以 $\bar{x}$ 为中心的$\pm\dfrac{s}{\sqrt{n}}t_{\alpha\cdot f}$区间的概率为 $1-\alpha$。即 $p\left[(\bar{x}-\dfrac{s}{\sqrt{n}}t_{\alpha\cdot f})<\mu<(\bar{x}+\dfrac{s}{\sqrt{n}}t_{\alpha\cdot f})\right]=1-\alpha$。

置信区间随着置信度 $1-\alpha$ 的不同而异，对于采用同一置信度的两个观测结果，置信区间越小，说明观测结果越准确，一般情况下 α 取 0.05。

对于例 1.1 的区间估计为：$\bar{x}=0.804$，$\sigma=0.038$，$n=117$，$t_{\alpha,f}=t_{0.05,117}=1.98$。

HgCl$_2$浓度为：$0.804\pm\dfrac{0.038}{\sqrt{117}}\times1.98=0.804\pm0.007$。

对于例 1.2 的区间估计为：$\bar{x}=0.0436$，$s=0.004037$，$n=5$，$t_{\alpha,f}=t_{0.05,4}=2.776$。

镉的含量为：$0.0436\pm\dfrac{0.004037}{\sqrt{5}}\times2.776=0.0436\pm0.0050$。

1.6　测量结果的有效数字

测量结果的有效数字位数与测量的精密度密切相关，有效数字位数不能多写，也不能少写。一般情况下，要根据相对误差来确定有效数字的位数，其关系式为：

$$(Z+1)E_x\leqslant10^{-s} \tag{1.17}$$

式中　Z——第一位数字；

$\quad\quad E_x$——相对误差；

$\quad\quad S$——指数的最大值。

有效数字与 S 的关系是：有效数字 $=S+1$。

当第一位数字甚小时，可以增加一位有效数字。当数值是多次测量的平均值时，可以增加一位有效数字。

例 1.3　某观测值的测定值为 0.2386，已知相对误差为 0.5%，估计有效数字。

解：$Z=2$，$E_x=0.005$

$(Z+1)E_x=3\times0.005=0.015=1.5\times10^{-2}$

因为 $0.01<0.015<0.1(0.1=10^{-1})$，所以 $S=1$，有效数字为 2，此测量值应取两位有效数字，写为 0.24。由于第一位数字是 2 很小，所以有效数字也可增加一位，写为 0.239。

下面我们来看一下，例 1.1 中的有效数字应该取几位。

$\bar{x} = 0.804$，平均偏差 $\bar{d} = \dfrac{1}{n} \sum\limits_{i=1}^{n} |x_i - \bar{x}| = 0.0336$，相对误差 $E_x = 0.0336/$ $0.804 = 0.042 = 4.2\%$，$(Z+1)E_x = 9 \times 0.042 = 0.38 = 3.8 \times 10^{-2}$，所以 $S = 1$，有效数字为 2。由于测量次数较多，有效数字也可增加一位，取有效数字为 3，写为 0.804。

第 2 章 统计推断和显著性检验

在第 1 章中，讨论了实验测量值的误差和结果表达，但是这还不是数据处理的唯一目的。进一步的工作还会出现对测定结果与既定值或另一组测量值的比较问题。例如温度测量方法的校正：用某仪器间接测量五次，所得数据为 1250℃，1265℃，1245℃，1260℃，1275℃，而用更精确的方法测定为 1277℃（可以看作是真值），试问此间接测量法有无系统偏差？若真值用 μ_0 表示，间接测定结果平均值为 $\bar{x}$，这就是检验假设 $\bar{x}=\mu_0$ 是否成立的假设检验问题。再如对检验某一地区的粮食是否被一种化学物质污染，就需要将多次测量的平均值 $\bar{x}$ 与国家标准 μ_0 相比较，则是检验假设这批粮食合格是否成立的问题。生产某种材料，对强度多次测量平均值为 $\bar{x}$，出厂标准为 μ_0，则是检验达到出厂标准的假设是否成立的问题。假设检验也称为显著性检验。由于这些问题常常事关重大，不能用简单的算术平均值与预定值作简单的比较，要观察到随机误差的多种特点和规律。这样仅凭第 1 章介绍的知识就不够用了，还须进一步的进行讨论。为此，本章先对概率统计的基本概念重新作简要叙述，然后讨论假设检验的简明处理方法，最后对总体均值和总体方差的显著性检验方法作一介绍。

2.1 数理统计的基本概念

（1）数理统计研究的对象

数理统计是一门研究在自然界和人类社会广泛存在的随机现象规律性的科学，随机现象所特有的规律性称为统计规律性，这种规律性要通过对同类现象进行大量的观测才能发现。但是，在实际工作中，我们只能对随机现象进行次数有限的观测。如：研究某一条河流的水质污染情况，只能对河流的若干断面进行分析；研究某一地区空气污染状况，就要对该地区设若干个大气观测站采样分析；某厂产品的纯度如何，也只能通过有限次的随机抽样来考察。数理统计要解决的问题就是：通过对局部进行次数有限的观测得到统计特征，去推断事物的整体特征。

（2）总体和个体

数理统计中所研究的对象的整体称为总体，其中的一个单位称为个体。如一条河流或一个地区就是总体，所得到的每一个采样点的值就是个体；某厂的全部产品是总体，抽样中的一袋产品就是个体。当研究对象变化时，总体和个体也随之改变。

（3）样本和样本容量

总体的一部分称为样本，样本容量即样本中所含个体的数目。研究对象为整个河流或大气，则所设的采样点为样本，采样点的数目为样本容量，研究对象改变，样本也随之改变。

（4）参数和统计量

一个总体的平均水平，可用期望 μ 来描述，总体的离散程度用标准差 σ 表示。如果知道总体的平均数和标准差，也就知道了总体分布的集中和离散程度，也就大致了解了总体的分布规律。总体特征值的平均数和标准差是总体的主要参数。

样本的特征数称为统计量，它是样本的函数，在数理统计中，常用的统计量有代表样本数据平均水平的算术平均、几何平均，表示样本变化程度的偏差、方差、标准差等。

（5）统计推断

在统计推断中存在两种分布，一是样本分布，它是我们实际上所研究的资料的分布。例如，在环境监测实验室研究测试某一样品，要从样本抽出一部分进行多次测定，获得多次测定值，这些测定值分布即为样品分布。二是总体分布，它是可能存在的，但一般不是观察或记录的分布，而需要用数学方程式来描述，如正态分布、二项分布等，所以总体分布是一种理论分布。统计学上最重要的问题在于怎样从所研究的样本分析、推论有关的总体样本。

实践证明，从总体中抽取几个样本进行实验，各样本的结果往往是不一样的，那么这些样本间的差异是由于试验误差或抽样误差引起的，还是它们本来就不是来自同一个总体？即存在显著的系统差异。类似这样的问题，都要从一个或一系列样本所得的统计量去推断总体的结果，称为总体推断。

2.2 假设检验的基本思路和方法

在环境问题调研中，我们经常会遇到一些这样的问题，如：判断某一地区的有害物质是否超标，比较两种方法的测试结果是否一致。在化学工艺研究中，经常会遇到这样一些问题，如：判断某种物质加入催化剂后是否起催化作用，判断温度变化对某物质的溶解度是否起显著性的作用。这些问题在统计学中都归为一类，即一个总体平均数是否等于某个值的问题，或比较两总体的平均值是否相同的问题。在科学研究中对诸如此类的平均数的比较或方差的比较是要认真对待的，如果没有客观标准，不同的人就会作出不同的结论，因此必须采用统计的方法进行科学的比较，才能作出可靠的结论。假设检验就是解决这类问题的统计方法。

2.2.1　原假设和备择假设

假设检验或显著性检验的意义在于检验一些差别有没有超过实验误差或抽样误差所造成的差别，因此在建立假设时首先是假设这些差别只是由于实验误差或抽样误差等随机因素所引起的，然后再看一看实验结果，经过统计检验能否推翻这些假设。例如，用砷斑法和银盐法对同一黄河底泥进行测量，多次测定结果，前者的均值为 2.92mg/kg，后者的均值为 3.05mg/kg。造成这种差异的原因有两种可能性，一是纯粹的由于实验误差引起的，二是这两种方法本身存在着实质性的差异，即有系统误差存在。究竟是真正的差别，还是仅仅由于实验误差造成的假象，这就只能对实验数据进行处理，运用统计的方法，判断由试验误差或真正的差异造成的差别的可能性有多大。这种统计方法就称为显著性检验或假设检验。我们先假设采用砷斑法和银盐法测定黄河底泥中的砷，结果是相同的，记作 H_0：$\mu_1 = \mu_2$。这样的假设在统计学上称为原假设或无效假设检验。和原假设对应的另一种统计假设，称为对应假设或备择假设，记作 H_A：$\mu_1 \neq \mu_2$。在前言中所举的三个例子，情况类似。在温度测量方法校正一例中，H_0：$\mu_1 = \mu_2$，H_A：$\mu_1 \neq \mu_2$。在粮食污染检验一例中，H_0：$\mu_1 \leq \mu_0$，H_A：$\mu_1 > \mu_0$。在材料检验一例中，H_0：$\mu_1 \geq \mu_0$，H_A：$\mu_1 < \mu_0$。一批产品方差的大小，表示产品质量波动的情况，如果方差太大，则产品质量好坏的波动大。所以有时方差也是假设检验的一个内容。例如某电工器材厂生产一种保险丝，规定保险丝融化时间的方差不超过 400。现从一批产品中抽得一个子样，问产品的方差是否合乎要求。这时 H_0：$\sigma^2 \leq 400$，H_A：$\sigma^2 > 400$。

显然，在统计假设检验中，检验原假设的同时，也检验了备择假设。肯定了原假设就否定了备择假设，否定了原假设就肯定了备择假设。

2.2.2　检验水平或显著性水平

统计检验中采用的是小概率事件的原理。概率论中，通常把概率不超过 5% 的事件称为小概率事件。统计学上有个很重要的原理，这就是"小概率事件在一次抽样中，可以认为基本上不会发生(并非绝对不发生，但其概率很小)"。也就是说，小概率事件实际上是不会发生的，如果它发生，我们就判断异常情况出现。如上例，我们首先要求出砷斑法与银盐法测量结果的差别仅仅由于随机误差而引起的概率有多大，如果这个概率很小，属于小概率事件，那么我们就可以认为这两种测定方法由于随机误差而造成这种差别的可能性很小。于是否定 $\mu_1 = \mu_2$ 的原假设而接受 $\mu_1 \neq \mu_2$ 的备择假设，得出银盐法与砷盐法测定砷的结果在 5% 显著性水平下差异有显著意义的结论。

在1.4.2节中坏值剔除的拉依达原则就是利用了小概率事件在一次抽样中不会发生这个原则。当测定值大于或小于 3σ 时，即 $\alpha = 0.26\%$ 时，认为是坏值，予以剔除。这时我们有99.74%的把握说该值是坏值。第一章中所用的 α，就是本章中所说的检验水平。检验水平也称显著水平或信度。在假设检验中，α 可取0.01，0.05或0.1。

在1.3.1节中，曾经讨论过正态分布时 σ 值与 α 的关系。若用于假设检验，还要经换算，算出统计量 u，与表中的临界值比较，判断假设是否成立。若测量值不符合正态分布，应该用其他相应的分布。常用的分布有 t 分布、F 分布和 χ^2 分布，在统计检验中分别称为 t 检验，F 检验和 χ^2 检验。限于篇幅，F 分布和 χ^2 分布的原理就不再介绍，只介绍其使用方法。

2.2.3 双侧检验和单侧检验

在假设检验时，假如我们的目的在于检验测定值是否等于某个值，或两组测定值的平均数是否相等。如上面所说的用砷斑法与银盐法测砷的结果是否相等，至于两种方法哪一种测定结果高，哪一种测定结果低，则无关紧要，可以不予以考虑。如果两种方法测定的结果是相同的，则它们差值的分布应在砷斑法与银盐法测定结果差别等于零的两侧，因此统计上称这种检验为双侧检验。如我们确定显著性水平 $\alpha = 0.05$，则在整个分布中用曲线下的面积来表示的话，两侧各有2.5%不包括在内，这两个2.5%就是拒绝域。对于双侧检验，拒绝域分布在两边[如图2.1(c)所示]。

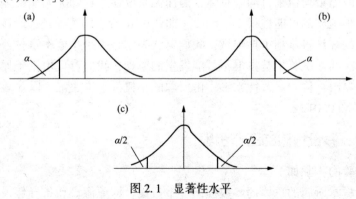

图2.1 显著性水平

双侧检验的形式是：

原假设：H_0：$\mu_1 = \mu_2$ 或 $\mu = \mu_0$；备择假设：H_A：$\mu_1 \neq \mu_2$ 或 $\mu \neq \mu_0$。

在实际进行的假设检验工作中还常遇到另一种情况，即超过某一定值或低于某一定值就要判定为异常，就要拒绝原假设而选择备择假设。例如前面讨论过的例子要考察某地区的粮食是否被某化学物质所污染，这时需要将该地区的粮食进行抽样检测，并将污染物的结果与粮食中有害物质的国家标准值比较。在假设检验中，原假设 H_0：$\mu \leqslant \mu_0$（设 μ_0 为国家标准，μ 为监测结果的均值，而备择假设 H_A：$\mu > \mu_0$，统计上称这种检验为单侧检验。如图 2.1(a)、(b)所示为单测检验，拒绝域分布在一边。

选择单侧检验还是双侧检验取决于备择假设。备择形式为 $\mu > \mu_0$ 或 $\mu < \mu_0$ 为单侧检验，备择形式为 $\mu_1 \neq \mu_2$ 或 $\mu \neq \mu_0$ 的为双侧检验。

单侧检验与双侧检验的步骤相同，只是当显著性水平为 α 时，有不同的临界值。

t 分布临界表有两种，一种是 t 分布的双侧分位数 t_α 表，另一种是 t 分布的单侧分位数 t_α 表，使用时应加以区别。本书所附 t 分布临界值表为双测分位数 t_α 表。

给定显著性性水平为 α，自由度为 f，双侧检验查 t 分布的双侧分位数 t_α 表，仍查 $t_{\alpha, f}$ 值；单侧检验，查 t 分布的双侧分位数 t_α 表，应查 $t_{2\alpha, f}$。

给定显著性性水平为 α，自由度为 f，双侧检验若查 t 分布的单侧分位数表，应查 $t_{\alpha/2, f}$；单侧检验，查 t 分布的单侧分位数 t_α 表，应查 $t_{\alpha, f}$。

在检验中往往要选择一个能较好地反映样本所属总体的参数特征的统计量以及在原假设成立时它的精确分布或渐近分布。常用的分布有 t 分布、F 分布和 χ^2 分布。

在应用样本资料对所算出的统计量进行推断时，可用图 2.1 来说明。当原假设为真时，两测量均值来自同一总体，因而无系统误差亦即无实质性差别时，则统计量落入拒绝域的可能性很小。图 2.1 曲线中 α 所取的范围是拒绝域。如果由样本值计算的统计量落到了拒绝域，我们就认为这是一个小概率事件，根据小概率事件在一次抽样试验中基本上不可能发生的原理，我们有理由拒绝原假设。这个拒绝域的界限，称为显著性水平，由所取的小概率水准决定，以 α 表示。一般 α 值取 0.05 和 0.01。

2.2.4　假设检验的工作步骤

假设检验的步骤如下：

（1）对样本所属的总体的参数提出一个假设，即原假设和备择假设。原假设是根据检验结果予以拒绝或不拒绝（予以接受）的假设，以 H_0 表示；备择假设是与原假设不相容的假设，以 H_A 表示。并写出原假设和备择假设的具体形式。一般有以下几种情况：①对总体随机变量 x 的均值 μ 不小于一个给定值 μ_0 的假设，即 H_0：$\mu \geqslant \mu_0$，H_A：$\mu < \mu_0$。②对总体随机变量 x 的均值 μ 不大于一个给定值 μ_0 的

假设，即 H_0：$\mu \leqslant \mu_0$，H_A：$\mu > \mu_0$。③对两总体均数相等的假设检验，即 H_0：$\mu_1 = \mu_2$，H_A：$\mu_1 \neq \mu_2$。

（2）确定显著性水平 α 值。

（3）选择和计算统计量，根据不同的研究目的，选用不同的统计量，这种统计量能较好地反映样本所属总体的参数特征及其分布，然后按照一定的方法计算统计量并从附表查出相应的概率。

（4）统计推断；根据确定的概率作出统计检验结论：$\alpha > 0.05$，差异无显著意义；$\alpha \leqslant 0.05$，差异有显著意义；$\alpha \leqslant 0.01$，差异有非常显著意义。

2.2.5 假设检验的两类错误

一般来说，在假设检验中可能发生两类错误，如果原假设是正确的，但是通过检验的结果而否定它，这就造成第一类错误，即以真为假，犯了所谓拒绝好结果的错误；另一方面，如果原假设是错误的，但是通过检验的结果而肯定它，即以假为真，这就造成第二类错误，即犯了所谓接受坏结果的错误（表2.1）。我们当然希望出错率越小越好。

表2.1 假设检验的两类错误

检验结果	统计假设	
	H_0是正确的	H_0是错误的
如果 H_0 被否定	第一类错误	没有错误
如果 H_0 被肯定	没有错误	第二类错误

造成第一类错误的概率为 α，造成第二类错误的概率为 β，如果减小 α 值，即 c_1，c_2 线向两边移动，即降低造成第一类错误的概率，就会增加造成第二类错误的概率。第二类错误的概率 β 示意图如图2.2所示。

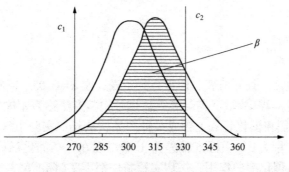

图2.2 第二类错误的概率 β

一种好的假设检验方法，就是指一种能够保证 α 和 β 都比较小的方法，但在样本固定的情况下，要同时使 α 和 β 都比较小是不可能的，除非增大样本容量。实际上，由于 α 较容易控制，因此，通常都是在一定 α 下使 β 尽可能小。

在确定显著性性水平时应考虑：

(1) 在对原假设 H_0 作出否定判断时，若 α 取得越小，事件越不显著，则否定判断的可信程度越高；但若 α 取得过小，反而容易把该否定的不正确的假设给肯定了。

(2) 在对原假设 H_0 作出肯定判断时，若 α 取得越大，事件越易显著，则肯定判断的可信程度越高；但若 α 取得过大，反而容易把该肯定的正确的假设给否定了。

2.3　总体均值的显著性检验

在环境监测中要调查环境要素中某一污染物是否超标，要比较两种分析方法或两种仪器的测试结果是否一致，在化学工艺研究中，要判断某种物质加入催化剂后是否起催化作用，要判断温度变化对某物质的溶解度是否起显著性的作用，所有这些问题的检验均属于总体均数的统计检验或显著性检验。下面举几个例子来讨论总体均数的显著性检验问题。

2.3.1　单个总体平均数的显著性检验

(1) 总体方差已知或大样本——u 检验法：设样本的总体遵从正态分布 $N(\mu, \sigma)$，总体方差 σ^2 为已知值。在显著性检验中，我们不能无限多地抽样，只能抽出 x_1，x_2，…，x_n 个子样，其平均值为 $\bar{x}$，可以证明，子样均值服从 $N(\mu, \sigma/\sqrt{n})$ 分布。又因 $\bar{x}$ 也是一个随机变量，进行标准变换：

$$u = \frac{\bar{x} - \mu_0}{\sqrt{\dfrac{\sigma^2}{n}}} = \frac{\bar{x} - \mu_0}{\sigma/\sqrt{n}} \tag{2.1}$$

其操作步骤是：查 u 值表，即正态分布表，取 $\alpha = 0.05$，得临界值 u_α。若 $u < u_\alpha$，差异不显著，若 $u \geqslant u_\alpha$，差异显著。这种检验方法称为 u 检验法。

例 2.1　我们在催化装置上合成某种产品，从长期实验中知道，该产品在该条件下的平均产量为 32g，标准偏差为 1.2g。现在，在催化剂中加入某种杂质，希望它能起到助催化剂的作用，一切实验条件都不变(标准偏差也不变)，做了 5 次试验，产量是：32.1g，33.0g，35.6g，33.9g，34.8g，要算出新催化剂平均产量，以便判断杂质是否起到了助催化剂的作用。

解：首先计算统计量 u：$\mu_0 = 32.0$，$\bar{x} = 33.9$，$\sigma = 1.2$，$n = 5$，代入式（2.1）得 $|u| = 3.5$，查正态分布表 $u_{0.05} = 1.96$。

由于 $|u| > 1.96$，则检验水平 $\alpha < 0.05$，结果有非常显著的意义，即杂质起到了助催化剂的作用。

如果我们改换第二种杂质，五次试验的结果产量是：31.0g，31.7g，32.2g，34.4g，34.2g。平均值 $\bar{x} = 32.5g$，得 $|u| = 0.93 < 1.96$，则结果是不显著的，所以，第二种杂质无明显效果。

（2）总体方差未知，且小样本——t 检验法：许多实验是在方差未知的情况下做的，这时，要用 t 检验法，我们也通过一个实例进行讨论。统计量 t 的计算公式为：

$$t = \frac{\bar{x} - \mu_0}{\sqrt{\frac{s^2}{n}}} \tag{2.2}$$

例 2.2　用某仪器间接测量温度，重复五次得：1250℃，1265℃，1245℃，1260℃，1275℃。但用精确方法测得温度真值是 1277℃，那么我们间接测量的仪器是否有系统偏差？

解：这是未知方差，作显著性检验的例子。这时，要用样本方差 s^2 代替总体方差 σ^2。

$\mu_0 = 1277$，$\bar{x} = 1259$，$s^2 = 570/4$，$n = 5$，代入式（2.2）计算得 $|t| = 3$。

查 t_α 临界分位数表，自由度 $f = n - 1 = 4$，检验水平 $\alpha = 0.05$，查得 $t_{0.05,4} = 2.776$。

由于 $|t| = 3 > 2.776$，所以，结果是显著的。也就是说，间接测量和精确测量的结果有显著差别，间接测量的仪器存在着系统误差。

2.3.2　两个正态总体平均值的显著性检验

对于两个正态总体平均值比较用 t 检验法，此时，即要考虑平均值 $\bar{x}_1$ 的误差对统计检验的影响，又要考虑平均值 $\bar{x}_2$ 的误差对统计检验的影响，因此要用合并标准差进行 t 检验。合并标准差 s 和统计量 t 的计算公式如下：

$$s = \sqrt{\frac{(n_1 - 1)s_1^2 + (n_2 - 1)s_2^2}{n_1 + n_2 - 2}} \tag{2.3}$$

$$t = \frac{\bar{x}_1 - \bar{x}_2}{s}\sqrt{\frac{n_1 \cdot n_2}{n_1 + n_2}} \tag{2.4}$$

当 $n_1 = n_2 = n$ 时，

$$t = \frac{\overline{x_1} - \overline{x_2}}{s} \sqrt{\frac{n}{2}} \qquad (2.5)$$

查 t 值表，$\alpha = 0.05$，$f = n_1 + n_2 - 2$，若 $t < t_{\alpha.f}$，无显著性差异。若 $t > t_{\alpha.f}$，有显著性差异。

例 2.3 采用银盐法与砷斑法测定废水中的砷含量，对同一废水各测定了 11 次。前一种方法测定结果的平均值 $\overline{x_1} = 2.97 \text{mg/L}$，标准差 $s_1 = 0.20 \text{mg/L}$；后一种方法 11 次测定结果的均值 $\overline{x_2} = 3.23 \text{mg/L}$，标准差 $s_2 = 0.18 \text{mg/L}$。试问两种方法的试验结果是否一致？

解：采用 t 检验法，步骤如下：

(1) 原假设 H_0：$\overline{x_1} = \overline{x_2}$，备择假设 H_A：$\overline{x_1} \neq \overline{x_2}$，双侧检验。

(2) 选定显著性水平 $\alpha = 0.05$。

(3) 计算统计量 t：将 $\overline{x_1} = 2.97 \text{mg/L}$，$s_1 = 0.20 \text{mg/L}$，$\overline{x_2} = 3.23 \text{mg/L}$，标准差 $s_2 = 0.18 \text{mg/L}$，$n_1 = n_2 = 11$，代入式(2.3)，得 $s = 0.19$，由式(2.5)得到 $t = 3.20$。

查 t 值表，自由度 $= 11 + 11 - 2 = 20$，$\alpha = 0.05$，$t_{0.05, 20} = 2.09$。

(4) 判断：$t > t_{0.05, 20}$，$\alpha < 0.05$，说明原假设出现的概率小于 5%，属于小概率事件，故否定原假设而接受备择假设，即认为两种方法的试验结果存在实质性的差异。

例 2.4 判断 70℃、80℃下所得的两组溶解度数据有没有显著性差别。

| 70℃ | 20.5 | 18.8 | 19.0 | 20.9 | 21.5 | 19.5 | 21.0 | 21.2 |
| 80℃ | 17.7 | 20.3 | 20.0 | 18.8 | 19.0 | 20.1 | 20.2 | 19.1 |

解：$\overline{x_1} = 20.4$，$\overline{x_2} = 19.4$，$s_1^2 = 6.20/(8-1)$，$s_2^2 = 5.80/(8-1)$，由于 $n_1 = n_2 = n = 8$，$t = \frac{\overline{x_1} - \overline{x_2}}{s} \sqrt{\frac{n}{2}} = 2.161$，查 t_α 临界分位数表，自由度 $f = 2n - 2 = 14$，检验水平 $\alpha = 0.05$，查得 $t_{0.05, 14} = 2.145$。

因 $2.161 > 2.145$，所以，得出结论，70℃ 和 80℃ 两组数据存在着显著的差别，温度的影响是显著的。

2.4 总体方差的统计检验

当比较一个样本平均数与总体平均数，或比较两个样本平均数的一致性时，可以采用 t 检验法。在另一种情况下，是要比较两个样本的方差，或样本方差与总体方差的一致性问题，就需要选择另一些统计量来进行推断。

样本方差度与总体方差可以用方差来表示，它可以揭示测定条件是否稳定，反映一组观测值的离散程度，在进行协作实验和实验室间质控时，要汇总、处理来自不同实验室和不同方法的数据，首先要检验方差的一致性，以便判断不同实验室和不同方法所提供的数据是否属于等精度的观测值，对于精密度太差的那些数据是不能被采纳的。

2.4.1 总体方差与已知值相等的统计检验——χ^2检验法

从一个已知平均数为 μ、方差为 σ^2 的正态总体中抽取随机变量 x_i，得到样本的方差为 s^2。一般用 χ^2 检验法来比较样本方差 s^2 与总体方差 σ^2 的一致性。统计量 χ^2 的表达式为：

$$\chi^2 = \sum \left(\frac{x_i - \mu}{\sigma} \right)^2 = \frac{(n-1)s^2}{\sigma^2} \tag{2.6}$$

不同自由度下的 χ^2 分布图如图 2.3 所示。

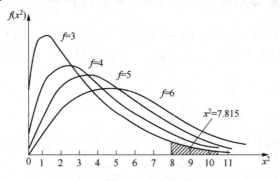

图 2.3 不同自由度下的 χ^2 分布图

假定一个正态总体具有一定的方差 $\sigma^2 = \sigma_0^2$，从这总体里随机抽取的一个样本，计算样本的方差 s^2 值。代入式（2.6）求出 χ^2 值，再与 χ^2 临界值比较，就可判断原假设是否正确。从统计学上研究出 χ^2 的分布呈正偏斜和高峰态，其分布均在 $\chi^2 = 0$ 的右边，因此 χ^2 均为正值，不会有负值。χ^2 的分布形式取决于自由度的大小，自由度愈小，分布愈偏斜，自由度增大则 χ^2 与正态曲线渐接近，当自由度 $f \to \infty$ 时，χ^2 分布就呈正态分布。由于 χ^2 分布表为单侧表，对于双侧检验，应该确定双侧拒绝域。表上的概率是指从曲线右边一侧面积计算的。因此右侧的拒绝域为 $\frac{f \cdot s^2}{\sigma^2} > \chi^2_{\frac{\alpha}{2}}$，而左侧的拒绝域为 $\frac{f \cdot s^2}{\sigma^2} < \chi^2_{1-\frac{\alpha}{2}}$。如果从样本计算的 $\chi^2 > \chi^2_{\frac{\alpha}{2}}$ 和 $\chi^2 < \chi^2_{1-\frac{\alpha}{2}}$，都属于小概率事件，因此应当否定原假设，而接受备择假设。

例 2.5 某项目标准分析方法的方差 $\sigma^2 = 4.00\mu g/L$，现采用一种新方法进行测定，7 次测定值为 23.3μg/L，22.1μg/L，24.7μg/L，20.1μg/L，25.6μg/L，20.1μg/L，24.7μg/L。问其方差是否与标准方法相一致。

解：采用 χ^2 检验法，步骤如下：

(1) 建立原假设 H_0：$\sigma^2 = \sigma_0^2$，即新方法与标准方法方差一致。备择假设 H_A：$\sigma^2 \neq \sigma_0^2$，双侧检验。

(2) 选定显著性水平 $\alpha = 0.10$。

(3) 计算统计量 χ^2，从本例 7 次测量值求得样本方差 $s^2 = 5.14\mu g/L$，

$$\chi^2 = \frac{f \cdot s^2}{\sigma^2} = \frac{(7-1)5.14}{4.00} = 7.71$$

查 χ^2 分布表，$f = 6$，$\chi_{0.05}^2 = 12.5$，$\chi_{1-0.05}^2 = \chi_{0.95}^2 = 1.635$。

(4) 判断：因为 $\chi_{0.95}^2 < \chi^2 < \chi_{0.05}^2$，故接受原假设，即认为新分析方法的精密度与标准方法的精密度是一致的。

2.4.2　两总体方差的统计检验——F 检验法

若从两个正态总体分别随机抽取两个样本，第一个样本的容量为 n_1，方差为 s_1^2；第二个样本的容量为 n_2，方差为 s_2^2，则统计量 F 定义为这两个样本方差的比值。

$$F = \frac{s_1^2}{s_2^2} \tag{2.7}$$

这一统计量的抽样分布为 F 分布，如图 2.4 所示，F 分布的形状由两个自由度决定。

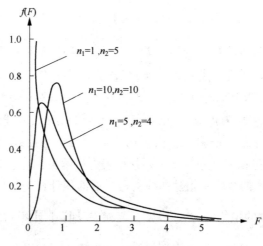

图 2.4　F 统计量分布

使用统计量 F 进行显著性检验的方法称为 F 检验法。在实际工作中常用此法检验两总体方差的一致性。由于总体方差往往是未知的，因此常用样本方差通过 F 检验来推断总体方差的一致性。

F 检验的临界值 (F_a)（见附录3）给出了不同显著性水平 α 和不同自由度 f_1 和 f_2 组合时单侧显著性检验的临界值 $F_{(\alpha, f_1, f_2)}$。表中上端横行中 f_1 是计算较大方差的自由度，左边直列内的 f_2 是计算较小方差的自由度。α 是指 F 分布右侧由 $F = F_\alpha$ 至 $F \to \infty$ 的概率。这个概率是很小的，也就是 F 分布的拒绝区域。如果由样本值计算的 F 值落入了这个区域，则应否定原假设而接受备择假设。

由于在编制 F 分布表时，是将大方差作分子，小方差作分母，所以在由样本值计算统计量 F 值时，也要将两样本方差中 s^2 数值较大的一个作分子，而且只应用 $F_{(\alpha, f_1, f_2)}$ 表。

F 检验在数理统计中占有重要地位，上节所述的 t 检验，其适用条件是两总体方差相等或相差不大，因此在进行 t 检验之前，首先要进行两总体方差一致性的检验，只有在两总体方差一致的前提下才能进行 t 检验。在环境监测中要比较两组数据、两个实验室、两种测试方法的方差是否有显著性差异时，均需借助于 F 检验。

例2.6　采用银盐法与砷斑法测定砷的含量，对同一样品，各测定了 11 次，标准差分别为 0.18 和 0.20。问这两种方法的精密度是否一致？

解：采用 F 检验法，步骤如下：

（1）建立原假设 H_0：$s_1^2 = s_2^2$，即两者方差是一致的。备择假设 H_A：$s_1^2 \neq s_2^2$，双侧检验。

（2）选定显著性水平 $\alpha = 0.10$。

（3）计算统计量 F：

$$F = \frac{s_1^2}{s_2^2} = \frac{0.20^2}{0.18^2} = 1.25$$

查自由度 $f_1 = 10$，$f_2 = 10$，因 F 分布表为单侧分位数表，双侧检验应查 $\alpha/2 = 0.05$ 的 F 值，$F_{(0.05, 10, 10)} = 2.98$。

（4）判断：因为 $F < F_{(0.05, 10, 10)}$，故不能认为原假设是个小概率事件，于是接受原假设，即两方法测砷的精密度无显著性差异。

第3章　线性回归

当我们对按预定目标进行测量，取得测量值的精密度和准确度达到要求之后，下一步的工作就是要寻找影响测量值大小的因素。对于化学工艺工作者来说，要观察温度、浓度、催化剂等可控因素对目的产物收率的影响，对于环境科学工作者，就要观察各种可控因素对污染物排放的影响。这就涉及变量之间的关系。

3.1　相关

提到变量之间的关系，很容易使人想到微积分课程中所讨论的函数关系，即所谓确定性的关系。比如，自由落体运动中，物体下落的距离与所需时间 t 之间的关系，圆面积和其半径的关系。当物体下落的时间确定之后，下落的距离就被完全确定了。当圆的半径确定之后，圆的面积就被完全确定了。

但是，自然界众多的变量之间，还有另一类重要关系，我们称之为相关关系。比如，人的身高与体重间的关系。虽然从一个人的"身高"并不能确定"体重"，但是，总的来说，身高者，体也重，我们就说身高与体重这两个变量具有相关关系。再如，某矿开采的矿物样品中含有许多组分，但经常发现 A 组分如果含量高，则 B 组分含量常常会偏低。由于影响矿物产品分布的因素非常复杂，A 组分的含量和 B 组分的含量，显然难以存在确定性的关系。A 组分含量高时 B 组分含量少的关系，只能是大致的，必有某种程度的不确定性，因此，他们的关系，也是相关关系。

实际上，即使有确定性关系的变量间，由于实验误差的影响，其表现形式也具有某种程度的不确定性。例如，对于某个一级反应，用反应速率 r_A 对 A 组分的浓度 c_A 作图，本应是一条严格的、通过原点的直线。但是，由于实验误差，r_A 和 c_A 的测定，都不能绝对准确，必有一部分实验点散布在这条直线的附近，不可能完全严格地落在一条直线上。大家在做实验时是有体会的。

回归分析方法，就是定性地告诉我们那些因素之间有较密切的关系，同时还可以定量地告诉我们各因素之间的变化关系。因此，在我们做实验时，不论研究的变量之间是函数关系还是相关关系，是确定性的关系还是具有某种程度的不确定性，都需要运用回归分析方法来研究变量之间的关系。

回归分析是研究随机现象中变量间关系的一种数理统计方法。只有一个自变量的回归分析称为一元回归分析，多于一个自变量的回归分析称为多元回归分析。当 y 与 x 的关系呈直线规律变化时，叫线性回归；反之，称非线性回归或曲线拟合。本章只讨论一元线性回归。多元线性回归方法类似，不再具体介绍。

3.2 散点图

要研究两个变量之间是否存在相关关系，自然要先做实验，拥有一批实验数据，然后作散点图，以便直观地观察两个变量之间的关系。下面，我们通过实例进行讨论。

例 3.1 某合成纤维厂为了寻找生产合成纤维的强度与拉伸倍数的关系，做了 24 组实验，结果见表 3.1。

表 3.1 某合成纤维的拉伸倍数和强度的关系

编号	拉伸倍数(x)	强度(y)/kPa	编号	拉伸倍数(x)	强度(y)/kPa
1	1.0	1.4	13	5.0	5.5
2	2.0	1.3	14	5.2	5.0
3	2.1	1.8	15	6.0	5.5
4	2.5	2.5	16	6.3	6.4
5	2.7	2.8	17	6.5	6.0
6	2.7	2.5	18	7.1	5.3
7	3.5	3.0	19	8.0	6.5
8	3.5	2.7	20	8.0	7.0
9	4.0	4.0	21	8.9	8.5
10	4.0	3.5	22	9.0	8.0
11	4.5	4.2	23	9.5	8.1
12	4.6	3.5	24	10.0	8.1

解：从实验记录表上，我们大体可以看出，拉伸倍数(x)越大，强度(y)也越大。为了便于观察，将这些结果画在平面直角坐标图上，在图上，24 对数据分别对应 24 个点（见图 3.1)，这张图称为散点图(散布图)。

从散点图中看出，这些点虽然散乱，但大体上散布在某直线的周围，也就是说，拉伸倍数与强度之间大致

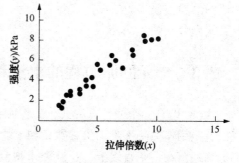

图 3.1 表 3.1 数据的散点图

成线性关系。其关系可用下式表示：

$$Y = a + bx \qquad (3.1)$$

这样，在散点图的启示下，经验公式的形式已经确定是线性的。要找出经验公式，就只需确定式中的 a 和 b，这里，b 通常叫做回归系数，关系式 $Y = a + bx$ 叫做回归方程。

Y 是自式（3.1）计算得到的值，它与实例的 y 值不一定相同，但应该比较接近。在这个例子中，y 随 x 增大，称为正相关。

例 3.2 某矿物研究所对某矿物样品 A 组分的含量和 B 组分的含量分析结果见表 3.2。它们是否有相关关系存在呢？

表 3.2　某矿物样品中组分 A 和组分 B 含量之间的关系

编号	1	2	3	4	5	6	7	8	9	10
A(x)	18.8	19.5	20.7	21.7	23	24	26.6	27.5	28.5	29.5
B(y)	0.49	0.46	0.44	0.48	0.40	0.42	0.35	0.34	0.32	0.31

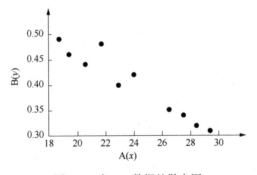

图 3.2　表 3.2 数据的散点图

解：作出散点图来，点子虽然也是散乱的，但大致落在某一直线的周围，从而可以确定，矿石中 A 含量和 B 含量也存在着线性关系。同样，可以用式（3.1）形式的经验方程式表达两个变量的关系。不过，在这个例子中，y 随 x 增大而减小，叫做负相关。

3.3　一元回归方程的求法和配线过程

式（3.1）是一个线性方程式，a 是截距，b 是斜率。如果实验点都准确地落在直线上，用作图法不难求出参数 a 和 b 的值。但是由于是相关关系，这些点并不能准确地落在一条直线上，这就要求得到最佳 a、b 值，使得到的直线最好地描述实验点的规律。具体处理方法是：当 a、b 确定以后，给出一个 x 值，就可算

出一个 Y 值。Y 值与实测 y 值的误差称为残差。

$$y_i - Y_i = y_i - (a + bx_i)$$

要使 a、b 的值最佳，就是所有实验点残差平方和 Q 最小。这时，Q 值最小对应的 a、b 值最优。这种方法也称为最小二乘法。

$$Q = \sum_{i=1}^{n} (y_i - Y_i)^2 = \sum_{i=1}^{n} (y_i - a - bx_i)^2 \tag{3.2}$$

使 Q 值最小，只需将上式对 a、b 求偏微分，并令其为零。

$$\frac{\partial Q}{\partial a} = -2 \sum_{i=1}^{n} (y_i - a - bx_i) ,$$

$$\frac{\partial Q}{\partial b} = -2 \sum_{i=1}^{n} (y_i - a - bx_i) x_i 。$$

将上二式求解并简化即可求出 a、b。

若以 L 代表离差，则

$$L_{xx} = \sum_{i=1}^{n} (x_i - \bar{x})^2 ,$$

$$L_{yy} = \sum_{i=1}^{n} (y_i - \bar{y})^2 ,$$

$$L_{xy} = \sum_{i=1}^{n} (x_i - \bar{x})(y_i - \bar{y}) 。$$

$$b = \frac{\sum_{i=1}^{n} (x_i - \bar{x})(y_i - \bar{y})}{\sum_{i=1}^{n} (x_i - \bar{x})^2} = \frac{L_{xy}}{L_{xx}} \tag{3.3}$$

$$a = \bar{y} - b\bar{x} \tag{3.4}$$

这就是说回归直线一定通过 $(\bar{x}, \bar{y})$ 这一点，所以 $\bar{x}$, $\bar{y}$ 是很重要的一对数组。

现在利用式(3.3)和式(3.4)式建立例 3.1 和例 3.2 的回归方程。

从例 3.1 的 24 组数据计算 a，b，Y 的过程如下：

$$\bar{x} = \frac{1.9 + 2.0 + 2.1 + \cdots\cdots + 9.5 + 10.0}{24} = 5.31$$

$$\bar{y} = \frac{1.4 + 1.3 + 1.8 + \cdots\cdots + 8.1 + 8.1}{24} = 4.71$$

$$L_{xx} = \sum_{i=1}^{n} (x_i - \bar{x})^2 = 152.46$$

$$L_{yy} = \sum_{i=1}^{n} (y_i - \bar{y})^2 = 117.95$$

$$L_{xy} = \sum_{i=1}^{n} (x_i - \bar{x})(y_i - \bar{y}) = 130.76$$

$$b = \frac{L_{xy}}{L_{xx}} = 0.859 \qquad a = \bar{y} - b\bar{x} = 0.15$$

$$Y = 0.15 + 0.859x$$

用类似的方法算得，例 3.2 的回归方程为：$Y = 0.7988 - 0.01657x$。

3.4 回归方程的相关系数

原则上说只要有任一组 x、y 数据，都可以用最小二乘法算出回归方程，给出 a、b 的值。

例 3.3 利用下面一组实验数据（表 3.3），求出 a、b 的值。

表 3.3 例 3 的实验数据

x	0	0.5	0.7	1	1.5	2.4	2.1	2.2	3	3.5	4
y	2	3	1	3.5	1.5	0	2	4	4.5	0.5	3.5
Y	2.1	2.2	2.2	2.2	2.3	2.4	2.3	2.4	2.4	2.5	2.5

解：用最小二乘法得到：$Y = 2.117 + 0.1058x$。

若将计算得到的 Y 值和实验值 y 相比，差距实在太大。作出散点图 3.3。可以看到，y 与 x 的关系相当散乱，不能认为存在线性相关关系。所配的直线实际上是无意义的。因此，还需要对线性相关建立一个判别标准。若存在相关关系，就用最小二乘法建立回归方程，若不存在线性相关关系，不必建立这个方程式。这个判别标准就是相关系数。下面讨论相关系数的导出方法：

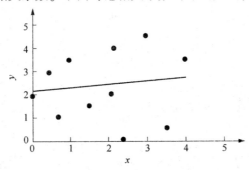

图 3.3 表 3.3 数据的散点图

由于 $\qquad\qquad\qquad Y_i = a + bx_i, \quad \bar{y} = a + b\bar{x}$,

则 $\qquad\qquad\qquad\qquad \bar{y} - y_i = b(\bar{x} - x_i)$,

$$y_i - Y_i = (y_i - \overline{y}) - b(x_i - \overline{x}),$$

$$\sum_{i=1}^{n} (y_i - Y_i)^2 = \sum_{i=1}^{n} [(y_i - \overline{y}) - b(x_i - \overline{x})]^2,$$

经变换、化简,得

$$\sum_{i=1}^{n} (y_i - Y_i)^2 = \sum_{i=1}^{n} (y_i - \overline{y})^2 - b^2 \sum_{i=1}^{n} (x_i - \overline{x})^2,$$

$$\frac{\sum_{i=1}^{n} (y_i - Y_i)^2}{\sum_{i=1}^{n} (y_i - \overline{y})^2} = 1 - b^2 \frac{\sum_{i=1}^{n} (x_i - \overline{x})^2}{\sum_{i=1}^{n} (y_i - \overline{y})^2},$$

令相关系数 r 等于下式

$$r^2 = b^2 \frac{\sum_{i=1}^{n} (x_i - \overline{x})^2}{\sum_{i=1}^{n} (y_i - \overline{y})^2} = 1 - \frac{\sum_{i=1}^{n} (y_i - Y_i)^2}{\sum_{i=1}^{n} (y_i - \overline{y})^2} = \frac{L_{xy}^2}{L_{xx} \cdot L_{yy}} \tag{3.5}$$

由式(3.5)可知,当 y 与 x 之间存在严格的线性关系时,所有的数据点应落在回归线上,则有 $y_i = Y_i$,$r^2 = 1$。可以证明,当完全不存在相关关系时,$r^2 = 0$。因此,r 是 0 到 1 之间的一个值,它是表示 y 与 x 相关程度的一个系数,其符号取决于回归系数 b 的符号,若 $r > 0$,则称 x 与 y 正相关,y 随着 x 的增加而增加。若 $r < 0$,则称 x 与 y 负相关,y 随 x 的增加而减小。r 的绝对值越接近于 1,x 与 y 的线性关系越好,当 x 与 y 之间没有任何依赖关系时,$r = 0$。相关系数的意义如图 3.4 所示。

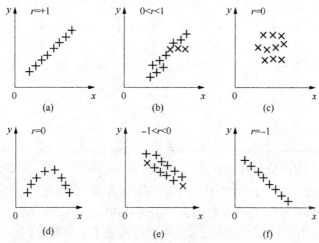

图 3.4 相关系数的意义

在实际应用中，需要判断 r 值与 1 接近到何程度时，才认为 x 与 y 是相关的，或者说，所配出的回归方程才是有意义的。按照统计的方法，得到的相关系数临界值表见表 3.4。表中 $n-2=f$，称为自由度，α 为检验水平。当计算的 r 值大于表中 $r_{\alpha,f}$ 临界值时，相关关系成立；若 r 计算大于 $r_{\alpha,f}$ 时，相关关系是显著的，若 r 计算大于 $r_{0.01,f}$ 时，表示相关关系是很显著的。

表 3.4 实验次数和相关系数

$n-2$	$\alpha=5\%$	$\alpha=1\%$	$n-2$	$\alpha=5\%$	$\alpha=1\%$
1	0.997	1.000	24	0.388	0.496
2	0.950	0.990	25	0.381	0.487
3	0.878	0.959	26	0.374	0.478
4	0.811	0.917	27	0.367	0.470
5	0.754	0.874	28	0.361	0.463
6	0.707	0.834	29	0.355	0.456
7	0.666	0.798	30	0.349	0.449
8	0.632	0.755	35	0.325	0.4118
9	0.602	0.735	40	0.304	0.3998
10	0.576	0.708	45	0.288	0.3772
11	0.553	0.684	50	0.273	0.3554
12	0.532	0.661	60	0.250	0.325
13	0.514	0.641	70	0.232	0.302
14	0.497	0.623	80	0.217	0.283
15	0.482	0.606	90	0.205	0.267
16	0.468	0.590	100	0.195	0.254
17	0.456	0.575	125	0.174	0.228
18	0.444	0.561	150	0.159	0.208
19	0.433	0.549	200	0.138	0.181
20	0.423	0.537	300	0.113	0.148
21	0.413	0.526	400	0.098	0.128
22	0.404	0.515	1000	0.062	0.081
23	0.396	0.505			

利用例 3.1 中实验数据，算得 $L_{xx}=152.46$，$L_{yy}=117.95$，$L_{xy}=130.76$，自式（3.5）得出 $r^2=0.9508$，$r=0.975$。例 3.1 有 24 组实验数据，$f=n-2=22$，自表 3.4 查出，若 $\alpha=0.05$，相关系数的临界值为 0.404。若 $\alpha=0.01$，相关系数的临界值为 0.515。由于 $r=0.975>r_{0.01,22}$，所以相关关系是很显著的。自例 3.2 的实验数据算出，$r=0.96$ 大于 $r_{0.01,8}$ 的临界值 0.755，相关关系也是很显著的。自例 3.3 的数据算出，$r=0.091$，由于只有 11 组实验点，自表 3.4 中查出，即使在

$\alpha = 0.05$ 时也要求临界值大于 0.602，因此，不能认为这组数据存在着相关关系，所以配得的直线是无意义的。

相关系数临界值的大小与实验点数密切相关。点数越少，要求越高。对此，下面再举一个实例：

例 3.4 试对如下一组实验结果进行研究：

| x | 1 | 2 | 3 | 6 |
| y | 1 | 5 | 5 | 7 |

解：不论从数据表或散点图 3.5 上看，似乎大体上都存在着正的相关关系。

计算得 $r = 0.858$。简单看来，r 值并不小。但是，查表 3.4，其相关系数临界值却要求更高，$r_{0.05,2} = 0.950$，$r_{0.01,2} = 0.990$。不能认为存在着显著的相关关系。这组数据相关关系不能成立的原因在于实验点数太少。若欲证明其相关关系，必须多做实验点作进一步的工作。

还应说明，表 3.4 得出的临界值只是线性相关关系成立的及格标

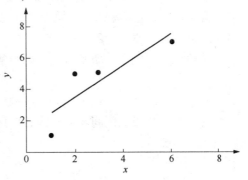

图 3.5 例 3.4 数据的散点图

准，当对经验方程要求较高时，不能只满足于这个及格标准。在环境监测或一些化学工艺研究中，由于对测定结果的准确度和精密度要求较高，因此 y 与 x 的相关系数仅大于临界值表中的值往往还不够，一般情况下，要求 $|r|$ 值大于或等于 0.9990 时，所建立的回归方程方可使用。否则应找出原因并加以纠正，重新试验，建立合格的回归方程。临界值只能说明 y 与 x 之间的相关关系是否显著或非常显著，而对相关系数的要求还要与所研究问题的需要结合起来。

3.5 回归方程的精密度和置信范围

回归直线的精密度是指实际测量值围绕回归直线的离散程度。这种离散是由除 x 对 y 的线性影响之外的其他因素引起的，用剩余标准差 S_E 表示，它可由总差方和减去回归差方和所得到的剩余差方和，除以它的自由度而得。剩余标准差的大小可以看作是排除了 x 对 y 的线性影响后，衡量 y 随机波动大小的一个估量值。

在无重复测定时，剩余标准差可由下式表示：

$$S_E = \sqrt{\dfrac{\sum\limits_{i=1}^{n}(y_i - Y_i)^2}{n-2}} \qquad (3.6)$$

因为：$\sum\limits_{i=1}^{n}(y_i - Y_i)^2 = L_{yy} - bL_{xy}$，所以：

$$S_E = \sqrt{\dfrac{L_{yy} - bL_{xy}}{n-2}} \qquad (3.7)$$

剩余标准差 S_E 愈小，说明回归线精密度愈好。当 x 与 y 是线性相关时，对确定的 x 值，y 的值是确定的。实验点落在以回归线为中心 $\pm 2S_E$ 范围的置信概率有 95.4%，即当 $x=x_0$ 时，y 的值有 95.4% 的可能要落在 $y_0 = a \bar{+} 2S_E + bx_0$ 的范围内。

在回归线的双侧作两条平行于回归线的直线：

$$Y' = a + 2S_E + bx \qquad (3.8)$$

$$Y'' = a - 2S_E + bx \qquad (3.9)$$

这两条直线组成的区间叫回归线置信区间或置信范围，就是图 3.6 的两条虚线之间包围的部分。

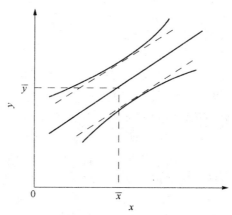

图 3.6　回归线置信区间

但是，式(3.8)和式(3.9)只是一种简化处理的结果。它只适应于 n 很大而且 x 值距 $\bar{x}$ 相距不远时的情况。进一步的处理给出的曲线是图 3.6 中两条喇叭形曲线。喇叭形曲线说明，x 距 $\bar{x}$ 相距远时，置信区间范围变大。当距离很远时，置信区间变得很大。这就是说，当用回归方程外推时，若外推范围很大，结果是不可靠的。所以用回归直线外推应十分慎重。

第4章 曲线拟合

在化工实验数据处理中，我们经常会遇到这样的问题，即已知两个变量之间存在着函数关系，但是，不能从理论上推出方程的形式，要我们建立一个经验方程来表达这两个变量之间的关系。例如，二元溶液的溶解热是浓度的函数，但是，表达二者之间的关系，并没有一个通用的公式。要定量描述某一溶液溶解热与浓度的关系，就要通过对实验数据的处理，建立一个经验方程。再如，反应物的浓度是反应时间的函数，但在我们不知其反应机理，不能从理论上导出其真反应速率方程式时，就需要从实验数据整理出一个表观反应速率方程式来。

实际上，把这类待定经验公式的诸实验点画出散点图，可以看到大多数都不是直线，而是各种各样的曲线。我们的任务是恰当地选择一个经验方程式，以最好拟合实验数据。应该强调指出，要求"最好拟合"是很重要的，它不是粗略、马虎拟合。

在实际工作中得到一组实验数据后，要建立自变量和因变量间的关系，选择何种基本模式，首先要根据专业理论知识，如无现成依据可循，可将数据在坐标纸上绘成图，根据一些关系所对应的曲线形状，选取合适的模式，并进行原变量变换和线性回归分析，建立回归方程，求出相关系数 r。如 r 的绝对值大于特定显著性水平时的相关系数临界值，说明建立的关系式是有意义的，否则需重新选取模式进行上述工作。

4.1 一个曲线变直求取经验方程的实例

上一章介绍的最小二乘法，只能用于求直线方程的常数。在曲线关系下，怎样建立经验方程呢？让我们通过一个实验进行讨论。

例 4.1 正庚烷和甲苯构成的二元溶液，溶液和组成的实验结果如表 4.1 所示，请分析这组数据存在的规律[其中 x 表示正庚烷得摩尔分数，y 表示混合热 （kJ/mol）]。

表 4.1　正庚烷的含量 x(摩尔分数)与混合热 y(kJ/mol)的关系

x	0.05	0.11	0.17	0.18	0.28	0.31	0.33
y	0.13	0.23	0.32	0.35	0.44	0.47	0.48
x	0.39	0.44	0.53	0.54	0.62	0.71	0.82
y	0.51	0.52	0.51	0.50	0.48	0.42	0.28

解：画出散点图来(图 4.1)，可以看到，这条曲线有几个特点：第一，x 近于 0 和近于 1 时，y 很小。第二，x 近于 0.5 时，y 有极大值，是一条典型的抛物线。既是一条典型的抛物线，就可以用抛物线方程来拟合数据。

按照抛物线方程式

$$y = a + bx + cx^2 \tag{4.1}$$

如果我们在曲线上任取一点 (x_0, y_0)，则有：

$$y_0 = a + bx_0 + cx_0^2 \tag{4.2}$$

由式(4.1)减去式(4.2)，则得：

$$y - y_0 = b(x - x_0) + c(x^2 - x_0^2) = (x - x_0)[b + c(x + x_0)]$$

$$\frac{y - y_0}{x - x_0} = b + cx_0 + cx \tag{4.3}$$

令 $Y = \dfrac{y - y_0}{x - x_0}$，$a' = b + cx_0$，则上式变为：

$$Y = a' + cx \tag{4.4}$$

此时 Y 和 x 之间是线性关系(图 4.2)，因此，可以用 Y 对 x 作图，看它是否存在线性关系，并用相关数检验的方法作定量的检验。

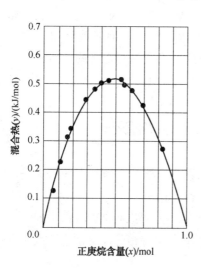

图 4.1　正庚烷的含量和混合热的关系

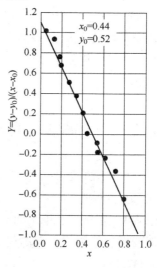

图 4.2　数据 Y 与 x 的线性关系

我们选出比较适中的一组数据 0.44 和 0.52，作为 x_0 和 y_0，于是可计算出：

$$Y=\frac{y-y_0}{x-x_0}=\frac{y_0-y}{x_0-x}$$

用 Y 对 x 作图，果然如预期的得到一条直线。

计算 Y-x 的相关系数：$r=-0.9920$。

由此证明，我们确实把实验曲线变成了直线，这样，就可以先求出直线方程的两个常数，再写出描述这条曲线的经验方程式。

$$Y=a'+cx,\ a'=1.074,\ c=-2.16$$

即：

$$\frac{0.52-y}{0.44-x}=1.074-2.161x$$

或

$$y=-2.161x^2+2.025x+0.0475 \tag{4.5}$$

将实验的 x 代入式(4.5)，计算出 y 值，结果如表 4.2 所示。

表 4.2　经验方程式(4.5)的计算值与实验值比较

x	0.05	0.11	0.17	0.17	0.18	0.31	0.33
y	0.13	0.23	0.32	0.32	0.35	0.47	0.48
y_{cal}	0.143	0.244	0.244	0.329	0.342	0.438	0.480
x	0.39	0.44	0.53	0.54	0.62	0.71	0.82
y	0.51	0.52	0.51	0.50	0.48	0.42	0.28
y_{cal}	0.508	0.520	0.514	0.511	0.472	0.396	0.255

计算值与实验值比较接近，反映出了在近于 1 时，y 值很小这个特点。曲线有一极大值，欲求它的位置，对式(4.5)求导：$\frac{dy}{dx}=-2\times2.1614x+2.025=0$

$$x=0.4684,\ y=0.5218$$

所得 x 的极大值的位置，正在 0.44 与 0.53 之间，与实验数据相符，说明这个方程式能够比较好地拟合这批实验数据。

但是，如果再仔细研究一下，还有问题，从物理意义上讲，由于纯物质的混合并不产生散热和吸热现象，所以在 $x=0$(表示纯甲苯)或 $x=1$(表示纯庚烷)时 y 应该是 0，但我们的经验方程的结果是：

$x=0$ 时，$y=0.0475$；

$x=1.0$ 时，$y=-0.0889$。

所以严格地说：结果并不完全正确，还需要进一步检查一下，把 x_0，y_0 选成其他数值求出的结果是否还存在这样的不合理现象，有时即使这样做了，可能还不会十分一致，这和实测值还不十分准确有关，还有可能是混合热和组成的关系本来比较复杂，硬性用二次函数去拟合，只会是一个近似的结果。所以，我们求得的结果，只是一个经验方程，不可估价过高。

在这种情况下，如果我们在方程中加进一个更高次的项，如：

$$y=a+bx+cx^2+dx^3+\cdots$$

就能得到更好的一致。当然，高次项越多，拟合效果越好，但方程过于复杂，实际应用也就更不方便，使用受到了限制。

4.2　经验方程式类型的确定

前面讨论例子的经验方程式是怎样求出的呢？关键在于从曲线上看出是一条抛物线，因而选用抛物线方程，再变为直线求出了方程式中的常数。在一般情况下，这样典型的抛物线实例并不多见。经验方程的类型很多，有对数型、双对数型和指数型等等，画出曲线以后，并不能马上断定它是哪个类型的曲线。因而，就把有关的各种类型的曲线与样板曲线对照，选择确定是哪种类型。全面的样板曲线可从数学手册中查出，也可从数据处理软件 Origin 中看到，先将常用的几种举例在表 4.3 中。

表 4.3　常用几种曲线的变直方法

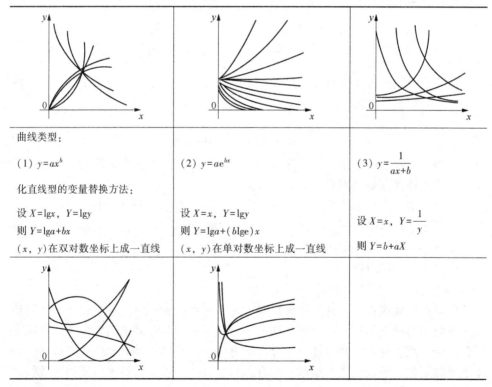

曲线类型：		
（1）$y=ax^b$	（2）$y=ae^{bx}$	（3）$y=\dfrac{1}{ax+b}$
化直线型的变量替换方法：		
设 $X=\lg x$，$Y=\lg y$	设 $X=x$，$Y=\lg y$	设 $X=x$，$Y=\dfrac{1}{y}$
则 $Y=\lg a+bx$	则 $Y=\lg a+(b\lg e)x$	则 $Y=b+aX$
(x,y) 在双对数坐标上成一直线	(x,y) 在单对数坐标上成一直线	

续表

曲线类型:		
$(4)\ y=ax^2+bx+c$	$(5)\ y=\dfrac{ax+b}{cx+d}$	
化直线型的变量替换方法:		
在曲线上取一点$(x_0，y_0)$，	在曲线上取一点$(x_0，y_0)$，	
设 $X=x$，$Y=\dfrac{y-y_0}{x-x_0}$	设 $X=x$，$Y=\dfrac{x-x_0}{y-y_0}$	
则 $Y=(b+ax_0)+aX$	则 $Y=A+BX$，用回归直线法，从已知数据可定出 A 和 B	

在实际比较时又会发现，由于曲线形状复杂，常常会觉得既像这种类型，又像那种类型，难以做出决断。这时，就要把候选的曲线变为直线，看看哪种曲线变直后最接近直线。各种曲线变直的方法在样板曲线图上都有说明。

下面我们再举一个实例进行讨论。

例 4.2 在某液相反应中，不同时间下测得某组成的浓度如表 4.4 所示，试作出其经验方程。

表 4.4 浓度随时间的变化关系

时间(t)/min	2	5	8	11	14	17	27	31	35
浓度(c_A)/(mol/L)	0.948	0.879	0.813	0.749	0.687	0.640	0.493	0.440	0.391

解：（1）首先将实验数据 c_A-t 作图（图 4.3），图像表明，这是一条曲线，不是 $y=a+bx$ 型直线，因此，对照样板曲线重新选型。

（2）选 $y=\dfrac{1}{ax+b}$ 型试探，将曲线变直，这时 $y=1/c_A$，$x=t$。

将 $1/c_A$-t 的关系作图（图 4.4），由图看出曲线仍未变直。

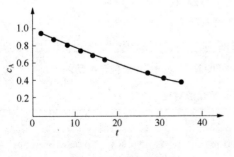

图 4.3 c_A-t 关系图

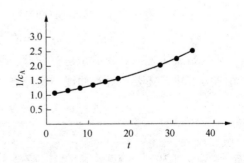

图 4.4 $1/c_A$-t 的关系图

（3）再选用 $y = ax^b$ 型作试探，将此曲线变直 $y = \ln c_A$， $x = \ln t$。

将 $\ln c_A$-$\ln t$ 的关系作图（图4.5），发现原来的曲线不但没变直，反而更加弯曲了。说明这个类型的经验公式更不适合了。

（4）又重新选型，选用 $y = ae^{bx}$ 型，再试探 $y = \ln c_A$， $x = t$。

作 $\ln c_A$-t 的关系图（图4.6），作出的图是一条很好的直线，说明这组实验数据服从 $c_A = ae^{bt}$ 型经验方程。

对照一级反应动力学的积分式，说明我们所作的结果，事实上证明了这个液相反应是一级反应，a 相当于反应物 A 的初始浓度 c_{A0}，b 相当于反应速率常数 k。

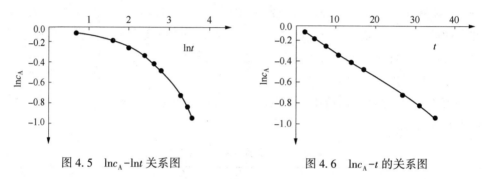

图4.5　$\ln c_A$-$\ln t$ 关系图　　　　　图4.6　$\ln c_A$-t 的关系图

4.3　经验方程式中常数的确定

在确定经验方程式类型的过程中，都必须经过曲线变直的手续，既然能将曲线变直，我们就可利用第3章讲过的最小二乘法求出变直后直线的两个常数，进而确定经验方程式中的常数。

如例4.2中常数求取：在（4）型中，$Y = \ln c_A$，$x = t$，$Y = a + bt$

用最小二乘法求出：$b = -0.02689$，$a = 0.00974$，$\ln c_A = a + bt$

$$c_A = e^{a + bt} = e^a \cdot e^{bt} = e^{0.00974 - 0.02689t} = 1.01e^{-0.02689t} \tag{4.6}$$

常数确定之后，还必须进行验算，看所得结果与实验值误差的大小，结果列在表4.5中。还要用计算曲线与实验点的对照用图表示出来（图4.7）。

表4.5　计算值与实验值对比

t	2	5	8	11	14	17	27	31	35
c	0.948	0.879	0.813	0.749	0.687	0.64	0.493	0.440	0.391
c_{cal}	0.952	0.878	0.811	0.748	0.691	0.638	0.488	0.439	0.394

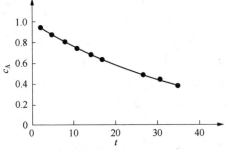

图 4.7 实验点与模型曲线图

从表 4.5 和图 4.7 的比较结果看，求得的经验方程是令人满意的。

4.4 曲线变直和相关系数

通过前面的讨论，我们知道，在建立经验方程式时，曲线变直扮演着重要角色，它既是判定所选经验公式是否正确的裁判，又是求经验方程式中常数的桥梁。那么，在曲线变直的过程中，相关系数和肉眼判断又是什么关系呢？按照我们实际工作中的经验，二者是相辅相成的，只用相关系数计算而不用肉眼对画出的直线作判断，是会犯错误的。相反，只用肉眼判断而不计算相关系数，不能定量地说明曲线化直后接近与直线的程度。

拿例 4.1 来说吧，如果把数据拿来之后，不画图，只算相关系数，得出：$r = 0.443$，这组数据共有 14 个点，对照相关系数表，最低也要 0.532 才算合格。如果就此认为这是一对杂乱无章的数据，不再进一步工作，就会犯错误。因为相关系数检验不合格，只能说明不存在线性关系，究竟是一堆杂乱无章的数据，还是一条有规律的曲线，作出散点图后，明显可以看出，这是一条有规律的曲线。

再拿例 4.2 来说，如果不作散点图，用浓度和时间两个变量直接计算相关系数，可得：$r = -0.994$，大大超过相关系数检验表的几个标准，如果就此搁笔就要承认浓度和时间的关系：$c = a + bt$，若令 $a = c_{A0}$、$b = k$，就会得出这是零级反应的错误结论。但是，如果作出散点图来，明显看出线是弯曲的，不能认为是直线，则还要找更为合适的方程式。

再用 $1/c_A = a + bt$ 计算 $1/c_A$、t 的相关系数，得：$r = -0.9619$。用 $\ln c_A = a + b\ln t$，计算 $\ln c_A$、$\ln t$ 的相关系数，得：$r = -0.9272$，这些计算结果，都大大超出"及格"标准。但是，画出图像来，都可明显地看出这些线都是弯曲的，如果我们用最小二乘法为这三种方程式配出直线，得到各自的常数值，建立起各自的经验方程，反算回来，计算值与实验值符合的情况都不能令人满意，说明没有达到最好的拟合。

所以，只算相关系数，不画出图像，在曲线变直时就会得出错误的结论，不能选出正确的经验公式类型。但是，相关系数的计算是不是没有用途呢？也不是。让我们看一看例4.2的计算，选定了四种类型，如果用肉眼观看，我们只能定性地说，$(\ln c_A - t)$的线直，$(\ln c_A - \ln t)$的线最弯曲，但是，如果作了相关系数的计算，比较他们的相关系数，就能定量地说明问题：$(\ln c_A - t)$的相关系数最高，$r = -0.9996$，线最直；$(c_A - t)$的相关系数第二，$r = -0.994$，不如前一个直，有弯曲；$(\ln c_A - \ln t)$的相关系数最低，$r = -0.9244$，弯曲就更严重了。对照这4个经验公式计算值与实验值的误差情况，和相关系数完全取得一致的结果。现将例4.2的相关系数计算结果列在表4.6中，以供参考。

表4.6　4个经验方程的相关系数对比

相关系数	c, t	$1/c$, t	$\ln c$, $\ln t$	$\ln c$, t
r^2	0.9880	0.9849	0.8545	0.9997
r	0.9940	0.9924	0.9244	0.9998

所以，我们说，在确定经验公式的类型时，判断曲线是否变直，要用肉眼判断和相关系数求取相结合，最后，还要进行验算，务求曲线得到最好的拟合。

第5章 误差分析和实验设计

当两个变量之间存在着相关关系的时候，通过前两章介绍的方法，我们可以用线性回归或曲线变直的方法，建立一个经验方程式把这种关系用量化的算式表达出来。进一步的问题是要讨论找出的方程式中相关参数的误差与直接测量值误差的关系。仍以反应动力学式为例，反应速率与相关组分浓度的关系为：

$$r = kc_A^n \tag{5.1}$$

c_A 是测量值，若用微分法 r 可以自测量值 c_A 和时间 t 求出，待求的参数是 k 和 n。若 n 值已经确定，下一步的问题就是自测量值 r_A 和 c_A 的误差估算参数 k 的误差问题。当 $n=1$ 时将式（5.1）改写为

$$k = c_A / r \tag{5.2}$$

若用积分法求 k，将式（5.1）积分，进而解出

$$k = (-\ln c_A / c_{A0}) / t \tag{5.3}$$

这样找出 k 的误差就是研究自 c_A，c_{A0}，t 测量误差以什么样的方式传递到 k 的问题。这些测量值可以是直接得到的，也可以是间接得到的，例如微分法求 r，就是自直接测量值 c_A 和 t 按照一定手续计算得到的，显然，这也是误差传递的问题。

如果动力学级数 n 也作为待定参数，就要求出 k，n 两个参数的误差。在本章中，只对一个待定参数进行误差分析，两个参数的误差分析放在第 10 章联合置信域中讨论。

实际上，对待求参数的误差分析，不仅可以给出待求参数的误差大小，还可以反过来，给定待求参数的精度要求，对待选仪器的精度提出要求，对既定分析精度情况下确定最佳实验点的位置。所以误差分析也是一种实验设计的方法。

5.1 误差传递

若单个测量自变量误差与总系统函数误差的关系为：

$$N = f(x, y, z\cdots) \tag{5.4}$$

全微分

$$dN = \frac{\partial N}{\partial x}dx + \frac{\partial N}{\partial y}dy + \frac{\partial N}{\partial z}dz + \cdots$$

$$\frac{\mathrm{d}N}{N} = \frac{1}{f(x, \ y, \ z\cdots)}\left(\frac{\partial N}{\partial x}\mathrm{d}x + \frac{\partial N}{\partial y}\mathrm{d}y + \frac{\partial N}{\partial z}\mathrm{d}z + \cdots\right)$$

设各自变量的绝对误差(Δx，Δy，Δz，$\cdots$)是很小的，可以代替它们的微分($\mathrm{d}x$，$\mathrm{d}y$，$\mathrm{d}z$，$\cdots$)。并且，在考虑间接测量时最不利的情况，正负误差不能相互抵消时引起的误差积累，算式中各直接测量值的误差取绝对值，这时：

$$\Delta N = \left|\frac{\partial N}{\partial x}\right| |\Delta x| + \left|\frac{\partial N}{\partial y}\right| |\Delta y| + \left|\frac{\partial N}{\partial z}\right| |\Delta z| + \cdots \tag{5.5}$$

$$\frac{\Delta N}{N} = \frac{1}{f(x, \ y, \ z\cdots)}\left[\left|\frac{\partial N}{\partial x}\right| |\Delta x| + \left|\frac{\partial N}{\partial y}\right| |\Delta y| + \left|\frac{\partial N}{\partial z}\right| |\Delta z| + \cdots\right] \tag{5.6}$$

其中，$\Delta N/N$ 表示 N 的相对误差。

(1) 加法，设 $N=x+y+z$，$\dfrac{\Delta N}{N} = \dfrac{|\Delta x| + |\Delta y| + |\Delta z|}{x+y+z}$ \hfill (5.7)

$$（1）加法，设 N=x+y+z，\frac{\Delta N}{N} = \frac{|\Delta x| + |\Delta y| + |\Delta z|}{x+y+z} \tag{5.7}$$

$$（2）减法，N=x-y，\frac{\Delta N}{N} = \frac{|\Delta x| + |\Delta y|}{x-y} \tag{5.8}$$

$$（3）乘法，N=xyz，\frac{\Delta N}{N} = \left|\frac{\Delta x}{x}\right| + \left|\frac{\Delta y}{y}\right| + \left|\frac{\Delta z}{z}\right| \tag{5.9}$$

$$（4）除法，N=x/y，\frac{\Delta N}{N} = \left|\frac{\Delta x}{x}\right| + \left|\frac{\Delta y}{y}\right| \tag{5.10}$$

$$（5）方次与根，N=x^n，\frac{\Delta N}{N} = n\left|\frac{\Delta x}{x}\right| \tag{5.11}$$

$$（6）对数，N=\ln x，\frac{\Delta N}{N} = \left|\frac{\Delta x}{x\ln x}\right| \tag{5.12}$$

按照这些处理方法，可以自测量值推算出待求参数的误差，进而推算其置信区间。

5.2 自误差分析确定仪器精度

当待测值的误差确定之后，可以自误差分析确定直接测量值所要求的精度。实际上这是上一节误差传递的逆问题。现以实例说明如下。

例 5.1 某一实验用氮气饱和法将瓶中的苯蒸气带出。如果气液两相可以达到平衡，并已知苯的饱和蒸气压力与温度的关系式为：

$$\lg P_0 = 4.78715 - \frac{1211.033}{220.79+t} \tag{5.13}$$

实验在 25℃室温下进行，实验在 2h 内结束。若对苯蒸气压的校对误差要求不高，达 10%即可满足要求，试问是否需要温控精度为 0.1℃的超级恒温器。

解：将 P_0-t 式微分，得：

$$\frac{dP_0}{P_0} = \frac{2.3 \times 1211.03}{(220.790+t)^2} dt$$

用增量代替微分：

$$\frac{\Delta P_0}{P_0} = \frac{2.3 \times 1211.03}{(220.790+t)^2} \Delta t \qquad (5.14)$$

已知 $\Delta P_0/P_0 = 0.1$，$t = 25℃$ 代入，得

$$\Delta t = 0.1 \times \frac{(220.790+25)^2}{2.3 \times 1211.03} = 2.1℃$$

这就是说，允许温度波动为 2℃。若室温在 25℃ 附近，2h 内室温波动一般不至于超过 23~27℃ 的范围，可以不用超级恒温器，将苯放在室内即可进行。但若实验要求精度较高，苯蒸气压的相对误差只允许为 1%，则 Δt 就将为 0.21℃，就应该采用超级恒温器控温才可以保证精度了。

例 5.2 一圆柱体的圆半径为 r，高为 h，计算圆柱形体积 V 的公式：$V = \pi r^2 h$

今欲使体积测量的误差不大于 1%，即 $\Delta V/V = 1\%$，则对 r，h 的精度要求如何？

解：

$$\frac{\Delta V}{V} = \pm \left(2\frac{\Delta r}{r} + \frac{\Delta h}{h}\right) = \pm 1\% \qquad (5.15)$$

这个问题比上例复杂一些。上例中只有一个可控变量，只要将温度控制好就可以满足预定精度。本例中待控测量值为 r 和 h，只有分别采取适当精度的测量仪器，才可满足要求。对于这类问题，一般按等误差传播原则进行分析，等误差传播原则就是使各项负担同样的误差，即：

$$2\frac{\Delta r}{r} = \frac{\Delta h}{h} = \pm \frac{1}{2} \times 0.01 = \pm 0.005 \qquad (5.16)$$

$$\frac{\Delta r}{r} = \pm 0.0025$$

$$\frac{\Delta h}{h} = \pm 0.005$$

粗略测得，$h = 5cm$，$r = 1cm$，则

$$\Delta r = \pm 0.0025 \times 10 = \pm 0.025mm$$

$$\Delta h = \pm 0.005 \times 50 = \pm 0.25mm$$

可以看出，要求 r 的绝对误差为 h 的 1/10，所以 h 可用游标卡尺测量，r 应该用螺旋测微器测量。

等误差传播原则在估定仪器精度时是一个广泛使用的方法。如果有三种控制

仪器，就各分配允许相对误差的 1/3；如果涉及四种控制的，就各分配 1/4 的份额。但是，这个原则并不是不可变动的原则，要根据实验室内的具体情况，具体处理。例如涉及三种仪器中，一种精度偏高，就可以少分配一些误差份额，给精度差的仪器多分配一些份额，只要总和满足预定的相对误差就可以了。

5.3 自误差分析确定实验点的位置的研究实例

当用同一种测量方法进行一系列的测量时，测量值的绝对误差可以认为是一定值。这时还可以用误差分析的方法，确定测量值的适宜位置。下面以我们对升华速度建立的研究作为实例，进行讨论。

在工业生产过程中，活性组分不断升华流失，是导致催化剂失活的重要原因之一。这方面的工作在国际上有许多数据积累，但没有量化方程式描述其流失的规律。在化工部和河南省基金和国家自然基金的支持下，我们实验室先后进行了十几年的连续工作，通过对多种活性组分升华流失规律的研究，建立了一个一般化的升华速率方程式。由于这是一项开创性较强的工作，对升华速率方程式进行误差分析以对实验点的位置作出明确要求，就成为重要的基础工作之一。

5.3.1 升华速率方程式

通过在氮气流下碘–活性炭催化剂上碘的流失证明，在反应过程中活性组分升华流失的实质是：活性组分自固相脱附到气相，然后被反应气流带出反应器。活性组分在气固两相之间的平衡，服从 Frundlich 等温式：

$$c_s = kp^{\frac{1}{n}} \tag{5.17}$$

式中 c_s——活性组分在固相中的含量，kg 活性组分/kg 载体；

p——活性组分在气相中的平衡分压，Pa；

k，n——常数。

在工业反应器中，反应器内气体的流速是由反应物的反应速率决定的，相对于活性组分的脱附来说，流速较小，活性组分在气固两相间可以保持平衡。对活性组分作气固两相间的物料平衡：单位时间活性组分在固相中减少的量等于单位时间被反应气流带出的量，用算式表示：

$$-\frac{dc_s}{dt} = Vc \tag{5.18}$$

式中 t——反应时间，即流失持续的时间，h；

V——以单位载体为计算单位的反应气体流速，m³反应气/(h·kg 载体)；

c——活性组分在气相中的含量，kg/m³。

按照理想气体状态方程式

$$c = \frac{W_n}{V} = \frac{PM}{RT} \qquad (5.19)$$

式中　W_n——活性组分质量，kg；

M——活性组分的相对分子质量；

R——气体常数；

T——绝对温度。

将式（5.17）、式（5.18）和式（5.19）三式联立，得

$$-\frac{\mathrm{d}c_s}{\mathrm{d}t} = V\frac{PM}{RT} = V\frac{M}{RTk^n}c_s^n = Vkc_s^n \qquad (5.20)$$

式（5.20）称为升华速率方程式，式中 $k = \dfrac{M}{RTk^n}$，称为升华速率常数，n 称为升华级数，实际上就是 Freundlich 方程式中的常数 n，一般来说 n 为 1~10。

式（5.20）的积分式是：

$$n = 1 \text{ 时}, \quad \theta = \frac{c_s}{c_{s0}} = \exp(-kVt) \qquad (5.21)$$

$$n \neq 1 \text{ 时}, \quad \theta = \frac{c_s}{c_{s0}} = \left[1 + (n-1)c_{s0}^{n-1}kVt\right]^{\frac{-1}{n-1}} \qquad (5.22)$$

5.3.2　升华速率方程式的误差分析

通常，动力学实验中判定反应级数的方法是：先假定反应级数，然后，在不同反应时间下测反应物浓度。从每一组时间和浓度值就可以算出一个对应的速度常数 k 值，当各组算得的 k 值相同或相近时，就认为假定级数是正确的。求升华级数的方法与此类似，只是用 Vt 代替反应动力学的时间。这样，实验设计时，要充分注意 c_s 大小即实验点位置对 k 值误差的影响。为此，要先作误差分析。现在先以一级情况为例：

$$\frac{c_s}{c_{s0}} = \theta = \exp(-kVt) \qquad (5.23)$$

$$\mathrm{d}\theta = -Vt\exp(kVt)\mathrm{d}k \qquad (5.24)$$

$$\frac{\partial k}{\partial \theta} = \frac{1}{-Vt\exp(-kVt)} = \frac{k}{\theta\ln\theta} \qquad (5.25)$$

用增量代替微分，将式（5.25）改写为：

$$\frac{\Delta k}{k} = \frac{\Delta\theta}{\theta\ln\theta} \qquad (5.26)$$

式(5.26)左面，表示 k 的相对误差。等式右面，$\Delta\theta$ 表示 θ 测定值的绝对误差。由于 c_{s0} 可以在实验前多次重复准确测定，所以 $\Delta\theta$ 决定于实验中 c_s 测量值的绝对误差。在同一组实验时，用同一种方法工作，$\Delta\theta$ 可以认为是与 θ 值无关的一个常数。这样，从测量值求得的速度常数 k 的相对误差不是一个常数，它与 θ 值有关，或者说与 $1/(\theta\ln\theta)$ 成正比。按照误差分析，正负误差是等价的，故此应取 $|1/(\theta\ln\theta)|$。θ 值大小与 $|1/(\theta\ln\theta)|$ 的关系如表5.1所示。

表5.1　$n=1$ 时 θ 值与 $|1/(\theta\ln\theta)|$ 的关系

θ	0.10	0.20	0.30	0.40	0.50	0.60	0.65
$|1/(\theta\ln\theta)|$	4.34	3.11	2.78	2.73	2.89	3.26	3.57
θ	0.70	0.80	0.85	0.90	0.95	0.99	
$|1/(\theta\ln\theta)|$	4.00	5.60	7.24	10.55	20.5	100.5	

从表5.1看到，在 $\theta=0.40$ 附近测定时，求算的 k 值相对误差很小，比较可靠。在 $\theta=0.99$ 时，求算出的 k 值相对误差很大，是 $\theta=0.40$ 附近的 20 多倍。因此，判定 n 是否为一级，最好在 $\theta=0.40$ 附近取点。最佳的实验点位置求法是，令 $\mathrm{d}(\Delta k/k)/\mathrm{d}\theta=0$，由式(5.26)解出：

$$\theta = e^{-1} = 0.368 \tag{5.27}$$

这时，$|1/(\theta\ln\theta)| = 2.71$。

当升华级数不为一级时，由式(5.22)用类似的方法求出

$$\frac{\Delta k}{k} = \frac{-(1-n)\theta^{-n}\Delta\theta}{\theta^{1-n}-1} \tag{5.28}$$

令

$$y_1 = \left| \frac{(1-n)\theta^{-n}}{\theta^{1-n}-1} \right| \tag{5.29}$$

在 $n=2$ 时，算得结果如表5.2所示。

表5.2　θ 值与 y_1 值的关系

θ	0.10	0.20	0.30	0.40	0.50	0.60	0.65
y_1	11.1	6.25	4.76	4.17	4.00	4.17	4.40
θ	0.70	0.80	0.85	0.90	0.95	0.99	
y_1	4.76	6.25	7.84	11.1	21.1	101	

由表5.2可以看到，$n=2$ 时，实验最佳点在 $\theta=0.50$ 处，不同升华级数对应的最佳实验点位置用下式表示：

$$\theta^{n-1} = \frac{1}{n} \tag{5.30}$$

由此算出的结果见表5.3。

表5.3 不同升华级数对应的实验最佳点

n	1	1.5	2.0	2.5	3.0	3.5	4.0
θ	0.368	0.44	0.50	0.54	0.58	0.61	0.63

5.3.3 对实验点的要求

在工业生产中，升华型催化剂在工厂中寿命是以年、月为单位的。要很长时间才能看到固相中活性组分明显降低。但在实验室工作时，计时的单位是小时，否则就会非常困难。计时单位相差如此之大，是实验工作的难点之一。要克服这个困难，就要强化反应条件，强化的手段无非是提高反应温度，加大气体流速等办法。在进行实验时，需要首先解决的问题是：活性组分流失（以 θ 表示）到什么程度，才算明显降低，进而能找出可信的升华级数和速度常数呢？这要从 k 的误差分析进行讨论。

用不同的 θ 值对应的 y_1 值与极小的 y_1 值相比，可得表5.4。

表5.4 k 的误差与实验点位置

θ	0.99	0.95	0.90	0.85	0.80	0.70	0.65	0.60	0.50	0.40
$n=1$	37.08	7.56	3.09	2.67	2.07	1.48	1.32	1.20	1.07	1.01
$n=2$	25.25	5.28	2.78	1.96	1.57	1.19	1.10	1.04	1.00	1.04
$n=3$	19.50	4.15	2.25	1.63	1.33	1.08	1.02	1.00	1.03	1.14
$n=4$	16.06	7.49	1.94	1.44	1.21	1.03	1.00	1.00	1.08	1.24

由表5.4我们划分3个区域：划定，在 θ 大于0.90时，是活性组分含量没有明显降低的区域；在 $\theta=0.90\sim0.65$ 时，是活性组分含量降低比较显著的区域；在 $\theta=0.65\sim0.25$ 时，是活性组分降低很显著的区域。当 c_S/c_{S0} 太小时，误差反而增大，同时又要大大延长实验时间，就不必再做下去了。这就是说所取实验点应在 $\theta=0.25\sim0.9$ 范围之内，在0.5附近效果更好。

5.3.4 对 MoO_3 流失的研究实例

钼催化剂广泛用在石油化工工艺之中，活性组分 MoO_3 也存在流失的问题。通过初步摸索（见第7章，正交实验设计），我们找到了强化 MoO_3 流失的实验条件，结论是必须提高温度。在此基础上，做了氮气模拟反应气下的实验，结果见表5.5。

表 5.5　MoO_3物理升华实验结果($c_{S0} = 0.387$)

序号	$T/℃$	V	t/h	Vt	c_S	θ	c_S计算
1	800	6.98	10.0	69.80	0.287	0.742	0.270
2	800	9.50	5.0	47.50	0.306	0.794	0.301
3	800	9.50	10.0	95.0	0.240	0.620	0.235
4	800	9.50	20.17	191.62	0.132	0.341	0.141
5	800	9.50	24.0	228.00	0.112	0.289	0.117
6	800	10.40	10.0	104.00	0.203	0.524	0.224
7	800	14.35	10.0	143.50	0.177	0.457	0.181
8	800	14.98	5.17	77.45	0.254	0.656	0.257
9	800	14.98	10.0	149.80	0.169	0.437	0.176
10	800	14.98	14.0	209.72	0.127	0.328	0.128

　　核对这些结果，θ 最大为 0.791，最小为 0.289，满足误差分析的要求。对数据进行处理，发现可以用 $n = 1$ 的式(5.21)拟和，$k = 0.00526$。计算值与实验值的对比也列在表中。

　　若用水代替氮气模拟反应气，发现流失速率加快，这是由于 MoO_3 和水生成了较易挥发的 $MoO_2(OH)_2$ 复合物的影响。反应温度降低 100℃，结果如表 5.6 所示。

表 5.6　MoO_3在水气氛下的流失结果(温度：700℃，$c_{S0} = 0.387$)

序号	V	t/h	θ	c_S	c_S计算
1	3.45	10.0	0.801	0.310	0.312
2	8.61	10.0	0.649	0.251	0.257
3	3.45	20.0	0.687	0.266	0.272
4	3.46	14.0	0.749	0.290	0.293
5	13.83	10.08	0.545	0.211	0.225
6	17.31	10.0	0.561	0.217	0.211
7	19.01	10.08	0.542	0.210	0.204
8	22.25	10.0	0.496	0.192	0.195
9	22.49	14.0	0.470	0.182	0.173
10	24.18	10.0	0.496	0.192	0.189
11	31.08	10.03	0.426	0.165	0.178

　　核对表中数据，θ 在 0.801~0.426 之间时，也满足误差分析的要求。用优化法对数据进行处理，发现 $n = 3.5$，$k = 0.0884$ 可以很好拟和结果。这项研究发表

在《化学反应工程与工艺》上，发表后，收录于工程索引 EI 中。

由于氮和 MoO_3 没有化学作用，在氮气下 MoO_3 的流失属于热脱附过程，其机理称为物理流失。由于水与 MoO_3 发生化学作用，其流失机理称为化学流失。

在此基础上，我们通过对复合钼催化剂中 Mo-Bi、Mo-Fe 等的流失机理进行了研究。发现物理流失和化学流失的升华级数都与单组分 MoO_3 是相同的。这些工作和相关基础工作先后发表在国外杂志 Carbon，Appl. Catal. 以及 React. Kinet. Catal. Lett. 上（见参考文献[37~41]）。五篇论文都同时被著名文摘 SCI 和 EI 收录。论文发表后，收到了除非洲外各大洲学者的来信，在国际学术界产生了一定影响。

第6章 单因素及双因素优选法

在第 5 章中，我们讨论了自误差分析进行实验设计的一些方法。这些方法都是在函数形式已知的情况下进行的。但在更多的情况下，对实验中诸因素的影响还不清楚，更谈不到建立函数关系，需要从头摸索。这就需要大量的实验工作。

面对大量的实验工作，除了有关的专业知识和文献信息之外，还必须有一套科学的实验设计方法，才能花费尽量少的力气，获取最多的信息。

经过设计的实验，效果大大提高，与不经过设计的实验相比，情况大不相同。让我们看一个简单的例子。

例 6.1 某厂在某电解工艺技术改进时，希望提高电解率，做了初步的实验，结果是：

| x：电解温度/℃ | 65 | 74 | 80 |
| y：电解率/% | 94.3 | 98.9 | 81.5 |

其中，74℃效果最好，但是最佳温度是不是就在 74℃？还有没有改进的余地？这就要在 74℃附近安排实验。第一种方案是在 70℃、71℃、72℃、73℃、75℃、76℃…逐个进行实验，这样工作量太大，第二种方案是对这批数据进行分析，找出科学的设计方法。

解：分析这 3 个数据，可以看出，y 值中间高两边低，形成一条抛物线。可以试用求出抛物线方程，再求导数找出极大值的方法寻找最佳温度，抛物线方程式是：

$$y = ax^2 + bx + c$$

有了这 3 组数据，就可以解出 a、b、c 三个数据，然后找出极大点，从而得到对应的温度是：70.5℃。再用这个温度做实验，电解率高达 99.5℃，一次成功。

这个实验，是通过单因素的温度改变找出最优点，因此，属于单因素优选法。在化工工艺开发和研究中，单因素优选是常遇到的问题，也是优选法中最简单的问题。抛物线法就是单因素优选中实验设计的一种方法。它要求先有一组实验结果，这组结果又可以用抛物线拟合。在一般情况下，不一定符合这样的条件。下面我们介绍一般化的单因素优选实验设计方法。

6.1　黄金分割法

在一般情况下，通过预实验或其他先验信息，确定了实验范围$[a, b]$，可以用黄金分割法设计实验，安排实验点位置。

黄金分割法，是把第一个实验点安排在实验范围距左端点a为区间全长的0.618处，第二个实验点安排在与其对称的位置。若用"大"表示实验范围的上限b，用"小"表示实验范围的下限a，则实验点位置的选取可以用下列公式计算：

第一个实验点　　　　　　　（大−小）×0.618+小　　　　　　　　（6.1）

其余实验点　　　　　　　　大+小−中　　　　　　　　　　　　　（6.2）

注意：这里"中"指的是已经做过的实验点而不是中点。下面通过实例，说明黄金分割法设计实验的具体步骤。

例6.2　目前，合成乙苯主要采用乙烯与苯烷基化的方法。为了因地制宜，对于没有石油乙烯的地区，我们曾开发过乙醇和苯在分子筛催化下一步合成乙苯的新工艺：

$$C_6H_6+C_2H_5OH \longrightarrow C_6H_5C_2H_5+H_2O$$

筛选了多种组成的催化剂，其中效果较好的一种催化剂的最佳反应温度，就是用黄金分割法通过实验找出的。

初步实验找出，反应温度范围在340~420℃之间。在苯与乙醇的摩尔比为5：1，质量空速为11.25h^{-1}的条件下，苯的转化率x_B是：340℃，$x_B=10.98\%$，420℃，$x_B=15.13\%$。

这样，第一个实验点位置是：

$$（420-340）×0.618+340=389.4$$

取390℃，实验结果是：$x_B=16.5\%$。

第二个实验点的位置是：

$$420+340-390=370$$

实验测得，370℃下，$x_B=15.4\%$。

比较两个实验点的结果，因390℃的x_B大于370℃的x_B，删去340~370℃一段，在370~420℃范围内再优选。第三个实验点位置是：420+370−390=400。实验测得400℃下，$x_B=17.07\%$。

因400℃的x_B大于390℃的x_B，再删去370~390℃一段，在390~420℃范围内再优选。第四个实验点的位置是：420+390−400=410。

在410℃下测得$x_B=16.00\%$，已经小于400℃的结果。故此，实验的最佳温度确定为400℃。在此温度下进行反应，获得成功，通过了鉴定。

6.2 分数试验法

为了介绍分数试验法，先介绍一个优选数列，历史上称为菲波那契数列 F_n，见表 6.1。

表 6.1　菲波那契数列

F_n	F_0	F_1	F_2	F_3	F_4	F_5	F_6	F_7	F_8
	1	1	2	3	5	8	13	21	34

这个优选数列存在如下规律：

$$F_n = F_{n-1} + F_{n-2} \tag{6.3}$$

例如：$F_5 = F_4 + F_3 = 5 + 3 = 8$，$F_6 = F_5 + F_4 = 8 + 5 = 13$

利用这个数列，建立起的分数实验方法，如表 6.2 所示。

表 6.2　分数实验优选数据

实验次数	1	2	3	4	5	6
等分实验范围分数 F_{n+1}	2	3	5	8	13	21
第一实验点位置 F_n/F_{n+1}	1/2	2/3	3/5	5/8	8/13	13/21

表 6.2 的第一行表示试验共进行的次数，第二行表示试验对象分为多少等分段，第三行表示第一次试验点在等分段上应取的位置。

在黄金分割的实验设计中，第一个实验点推算时，由于有 0.618 的系数，因此，实验点的位置不一定恰好是整数值。分数实验法则不是这样，实验点总是落在整数值处。这对于只能在整数值处取点的实验，非常方便。下面介绍一个使用的实例。

例 6.3　某化肥厂在软水制作时，需要加入食盐，为了工厂操作和投料的方便，食盐的加入以桶为单位，经初步摸索，加入量在 3~8 桶范围中优选。由于桶数只宜取整数，采用分数实验法设计实验。

将实验区间分为五个部分：

```
桶数3      4        5        6        7        8
  | ------ | ------ | ------ | ------ | ------ |
F_{n+1}=0   1        2        3        4        5
```

对照表 6.2，这组优选实验共进行 3 次。第一个实验点在 3/5 处，即第三个点 6 桶处。按照分数实验法取点的原则，左面实验点到左边端点的距离，应等于右面实验点到右边端点的距离。因此，第二个实验点应在其对称位置 5 桶处。分别进行一次加入 5 桶和 6 桶的实验，发现 6 桶的结果比 5 桶的结果好。因此，舍弃 3、4 桶两个点，在 5、6、7 桶区间做实验。按 $F_{n+1}=3$，实验点应在 2/3 位置，即 7 桶处做第三个点，实验结果还是 6 桶效果好。最后确定，每次加入 6 桶食盐。

从实验点确定的程序看，分数试验法和黄金分割法非常类似。数学上可以证明：

$$\lim_{n \to \infty} \frac{F_n}{F_{n+1}} = \frac{\sqrt{5}-1}{2} \approx 0.618 \qquad (6.4)$$

说明二者的确存在着近似关系。

6.3 对分法

上面介绍的是在实验范围内存在最优点的情况。但是，在许多情况下，面对的函数是单调上升或单调下降。例如用某种贵金属来保证产品质量，贵金属越多越好。但贵金属太贵，要节约使用，只要保证一定量就行了。这类问题是，每次实验都放在现行实验区间的中点进行。这样，实验一下子可以缩短一半。下面举例说明。

例 6.4 在 $AlCl_3$ 法合成异丙苯时，异丙苯为反应的目的产物，二异丙苯为不希望的产物：

$$C_6H_6 + C_3H_6 \xrightarrow{k_1} C_6H_5C_3H_7$$

$$C_6H_5C_3H_7 + C_3H_6 \xrightarrow{k_2} C_6H_4(C_3H_7)_2$$

已知，反应速度可用一级连串反应动力学表示，令 $K=k_2/k_1$ 其积分式为：

$$c_i = \frac{1}{1-K}(c_B^K - c_B) \qquad (6.5)$$

式中 c_i——异丙苯的浓度；

  c_B——苯的浓度；

  K——两步连串反应速度常数比，$K=k_2/k_1$。

K 值越大，反应液中二异丙苯浓度越高，它是反应选择性优劣的一个指标。按照苯、异丙苯、二异丙苯在 $AlCl_3$ 存在下的平衡研究，K 的最小值为 0.5。K 是 $AlCl_3$ 用量的函数，随着 $AlCl_3$ 在溶液中浓度降低而单调地增加。在 $AlCl_3$ 和苯的质量比为 14.6∶100 时，$K=0.53$。实验目的是找出 $K=0.90$ 时的 $AlCl_3$ 用量，$AlCl_3$ 用量用 C_1 表示，它的定义是反应起始苯的量为 100g 时 $AlCl_3$ 加入的克数。这是一个 $AlCl_3$ 用量越小越好的研究课题。因此可以用对分法安排实验。

第一个实验点应选在 $C_1=14.6/2=7.3$ 处。实际配置时稍有偏差，$C_1=7.88$。

实验结果得 $K=0.55$。

第二个实验点应选在 $C_1=7.88/2=3.94$ 处。实际配置时仍稍有偏差，$C_1=3.24$。实验结果得 $K=0.65$。

第三个实验点应选在 $C_1=3.24/2=1.62$ 附近。实验结果是：$C_1=1.71$，$K=0.73$。

第四个实验点应选在 $C_1=1.71/2=0.86$ 附近。实验结果是 $C_1=0.93$，$K=0.85$。

第五个试验点再减少 $AlCl_3$ 的用量。$C_1=0.49$，$K=0.95$。这时 K 值已经大于 0.90。

第六个试验点应选在 $C_1=0.93$ 和 0.49 的中间，即 0.71 附近。实验结果：$C_1=0.68$ 时 $K=0.90$。至此，任务已经完成。这就是说，如果要求 $K=0.90$ 或小于 0.90，C_1 不应小于 0.68。

为了观察所得结果的可信程度，又在 $C_1=0.49/2=0.245$ 附近进行一次实验。结果是：$C_1=0.238$，$K=1.30$。看来 $AlCl_3$ 用量的确不能再降低。$C_1=0.68$，$K=0.90$ 的结果是可信的。

这组实验，是我们研究 $AlCl_3$ 浓度对异丙苯合成产品分布影响时的一部分工作。论文发表在《化学工程》杂志(1979 年第 6 期)，并且被引用在《异丙苯法生产苯酚丙酮》一书中(曹钢主编，北京，化学工业出版社，1983)。

6.4　用黄金分割法作经验方程式中参数精估的数据处理

黄金分割法不仅可以作为实验设计的方法，也可以作为实验数据处理的方法，下面通过实例说明。

例 6.5　在讨论曲线拟合时，曾经研究了一个液相反应的例子，表 4.4 的实验数据是：

反应时间(t)/min	2	5	8	11	14	17	27	31	35
浓度(c_A)/(mol/L)	0.948	0.879	0.813	0.75	0.69	0.64	0.49	0.44	0.391

试用黄金分割法求取经验方程式中的参数。

解：从曲线变直求得的经验方程是：$c_A=1.01\exp(-0.02689t)$

式中的两个参数(常数)是用 $\ln t$-t 的线性关系用线性回归求出的。按照线性回归的原则，两个参数对应于目标函数 Q 最小：

$$Q=\sum_{i=1}^{9}(y_{i,\,cal}-y_i)^2=\sum_{i=1}^{9}(\ln c_{i,\,cal}-\ln c_i)^2 \tag{6.6}$$

但是，实验处理的一般原则本应是目标函数 F

$$F = \sum_{1}^{9} (c_{i,\,\text{cal}} - c_i)^2 \qquad (6.7)$$

为最小。由于经过曲线变直后，Q 并不等于 F，把曲线变直后作线性回归求得的参数值，在严格要求下并不是最佳。因此，参数值精估的数据处理方法就值得进一步研究。采用黄金分割法可以直接求出 F 值。在式

$$c_A = a\exp(-kt) \qquad (6.8)$$

中，指定一个 k 值，从实验的 c_A 和 t 值就可以算出一个 a 值，9 个实验点有 9 个 a 值，取其平均值 $\bar{a}$，再用 k 和 $\bar{a}$ 代入原式，由 t 得出 c_A 的计算值，进而算出 F 值。改变一系列的 k 值，得到一系列的对应 $\bar{a}$ 值和 F 值，F 值最小时对应的 k 和 $\bar{a}$，就是要求出的最佳参数值。为了减少计算次数，k 值在确定了计算范围之后，用黄金分割法在计算机上作优选计算。该例的优选计算处理步骤是：

（1）按线性化给出的值，k 值选的上下限范围选为 0~0.1。

（2）第一个计算点位置是 $k=0.0618$，第二个点的位置是 $k=0.0382$。由此算出诸点的 a 和其平均值 $\bar{a}$，见表 6.3。

表 6.3 黄金分割法求取参数的计算过程（$\bar{a}$ 值的求取）

t	2	5	8	11	14	17	27	31	35	$\bar{a}$
$k=0.0618$	1.073	1.197	1.333	1.478	1.632	1.830	2.615	2.989	3.400	1.950
$k=0.0382$	1.023	1.064	1.104	1.14	1.173	1.225	1.383	1.438	1.489	1.227

再用 k 和 $\bar{a}$ 计算 $c_{A,\text{cal}}$，进而求出 F 值（表 6.4）：

$$c_{A,\,0.0618} = 1.950\exp(-0.0618t)$$
$$c_{A,\,0.0382} = 1.227\exp(-0.0382t)$$

表 6.4 黄金分割法求取参数的计算过程（c_A 的计算值）

t	2	5	8	11	14	17	27	31	35	F
$c_{A,0.0618}$	1.723	1.432	1.189	0.988	0.821	0.682	0.368	2.287	0.224	1.206
$c_{A,0.0382}$	1.137	1.014	0.904	0.806	0.719	0.641	0.437	0.375	0.322	0.088

（3）比较这两组数据，$k=0.0382$ 比 $k=0.0618$ 的 F 值要小得多，因此，删去 0.0618~0.1 这一段，在 0~0.0618 之间再进行优选计算，这时应取的 k 值是：

$$0.0618+0-0.0382=0.0236$$

$k=0.0236$ 时算出的 $\bar{a}$ 为 0.955，F 值比 $k=0.0382$ 更小。为此，优选计算范围缩到 $k=0$~0.0382 之间，下一个计算点位置是：

$$0.0382+0-0.0236=0.0146$$

$k = 0.0146$ 时，算得的 $\bar{a}$ 为 0.826，F 值比 $k = 0.0236$ 时要大。将计算范围缩到 $0.0146 \sim 0.0382$，再下一个计算点位置是：

$$0.0382 + 0.0146 - 0.0236 = 0.0292$$

由此算出对应的 $\bar{a}$ 为 1.051，F 值比 $k = 0.0236$ 时要小。依此逐次迭代，最后找出，在 $k = 0.0266$ 时，$\bar{a}$ 为 1.003，这时的 F 值仅为 7.1×10^{-5}。和第 2 章中用线性化求出参数的 F 值 16.6×10^{-5} 相比，残差平方和小了一倍以上。结果显然比线性化要好。最后的反算结果比较见表 6.5。

表 6.5　线性化法和黄金分割法优选计算结果的比较

$t/\min$		2	5	8	11	14	17	27	31	35
$c_A/(\mathrm{mol/L})$	实　验	0.948	0.879	0.813	0.749	0.687	0.640	0.493	0.440	0.391
$c_{A,\mathrm{cal}}/(\mathrm{mol/L})$	线性化	0.957	0.883	0.814	0.751	0.693	0.639	0.489	0.439	0.394
$c_{A,\mathrm{cal}}/(\mathrm{mol/L})$	黄金分割	0.950	0.877	0.810	0.748	0.691	0.638	0.489	0.439	0.395

从曲线变直求得的经验方程是：

$$c_A = 1.01 \exp(-0.02689t) \qquad F \text{ 值 } 16.6 \times 10^{-5}$$

黄金分割法优选计算结果是：

$$c_A = 1.003 \exp(-0.0266t) \qquad F \text{ 值 } 7.1 \times 10^{-5}$$

由此得出结论，黄金分割法对数据拟合的结果更好。

一般情况下，对经验方程的拟合精度并无过高要求，因此，线性化法的结果是可以使用的。但对结果的精度要求很高时，应该用线性化法拟合的参数作为粗估值，再用非线性最优化法求出精估值。线性化法和最优化法求得参数值与实验点本身的随机误差大小有关。若随机误差很小，即实验测定值精度很高时，二者差别应该是很小的。

6.5　陡度法——双因素优选法

在单峰情况下，沿陡度大的方向爬山，到顶点的距离最短。根据这个道理，将试验程序设计为向陡度大的方向探索称为陡度法，又称瞎子爬高法。当两个因素 A 和 B 同时影响试验结果时，就可以采用瞎子靠手杖前后左右探索，哪边高往哪边爬的办法。在一平面内将因素 A 和因素 B 的数值分别取为坐标的水平轴和垂直轴，如图 6.1 所示。在该坐标内任取不在一直线上的 4 个点试验。四点取值分别为 $x_1(A_1, B_1)$、$x_2(A_2, B_2)$、$x_3(A_3, B_3)$ 及 $x_4(A_4, B_4)$。4 点的试验结果分别是 $f(x_1)$、$f(x_2)$、$f(x_3)$ 及 $f(x_4)$。则定义 $x_1 - x_2$ 的陡度为

$$\overline{x_1 x_2} = |f(x_1) - f(x_2)| / \sqrt{(A_1 - A_2)^2 + (B_1 - B_2)^2} \qquad (6.9)$$

按上式定义形式，可分别求出 $\overline{x_1x_2}$、$\overline{x_1x_3}$、$\overline{x_1x_4}$、$\overline{x_2x_3}$、$\overline{x_2x_4}$、$\overline{x_3x_4}$ 6个陡度值。比较它们可知哪一个陡度大，陡度大的方向中又哪一个试验结果最好。例如 $\overline{x_1x_4}$ 最大，且 $f(x_4)$ 比 $f(x_1)$ 好。则沿陡度大的方向 $x_1 \rightarrow x_4$ 探索，做试验 x_5 然后再进行分析，确定试验点 x_6，直至找到最佳点。

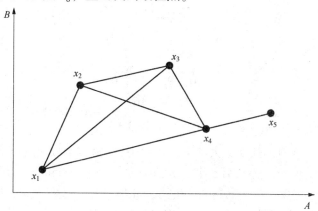

图6.1 双因素试验选点

如果实验结果出现多峰现象，可以先选取一峰值，然后再试验探寻更高的峰值，试验方法与单峰情况类同。

例6.6 在铜催化下，用氯萘和氢氧化钠溶液制备 α-萘酚。已知温度为277℃，氯萘的初始浓度为 0.57mol/L。目的是找出氯萘转化率达99%的实验条件。试用陡度法对氢氧化钠和 α-萘酚的摩尔比 n 和反应时间 t 进行优选。

解：首先，选取4个实验点，像图6.1那样构成一个梯形。安排4次实验，测定转化率 x，结果见表6.6。

表6.6 例6.6的实验结果

No.	t/min	n	x
1	15	2.5	0.386
2	20	3.5	0.576
3	30	4.0	0.750
4	40	3.0	0.716

所得4组结果，转化率都未达到99%的要求，还要继续进行实验。为了有效地选取下一个实验点，进行如下计算：

$$\overline{x_1x_2} = \frac{|0.386-0.576|}{\sqrt{(15-20)^2+(2.5-3.5)^2}} = 0.03276$$

$$\overline{x_1 x_3} = \frac{|0.386 - 0.750|}{\sqrt{(15-30)^2 + (2.5-3.5)^2}} = 0.02415$$

$$\overline{x_1 x_4} = \frac{|0.386 - 0.716|}{\sqrt{(15-40)^2 + (2.5-3.0)^2}} = 0.01320$$

$$\overline{x_2 x_3} = \frac{|0.576 - 0.750|}{\sqrt{(20-30)^2 + (3.5-4.0)^2}} = 0.0070$$

$$\overline{x_2 x_4} = \frac{|0.576 - 0.716|}{\sqrt{(20-40)^2 + (3.5-3.0)^2}} = 0.0070$$

$$\overline{x_3 x_4} = \frac{|0.750 - 0.716|}{\sqrt{(30-40)^2 + (4.0-3.0)^2}} = 0.00338$$

比较 6 组计算值，陡度最大的是 $\overline{x_1 x_2}$，因此，沿这个方向进行实验。

将 $x_1 x_2$ 直线延长，选取第 5 个实验点为 $n = 4.5$，$t = 25\text{min}$。在这个点上进行实验，得 $x_5 = 74.3\%$，和 $x_1 = 38.6\%$ 相比，进步很大。这就是说，同时增大摩尔比和延长反应时间，是很有效的。但因转化率仍未达 99%，还应再做实验。为此再作陡度计算得 $\overline{x_5 x_3} = 0.001386$，$\overline{x_5 x_4} = 0.00179$，$\overline{x_5 x_1} = \overline{x_2 x_1} = 0.03276$，$\overline{x_1 x_3}$、$\overline{x_2 x_4}$、$\overline{x_3 x_4}$ 仍是原值。比较诸线的陡度，还是 $x_2 x_1$ 或 $x_5 x_1$ 线最陡，第三个实验点本应从再按此线延长找出，继续增大摩尔比，延长反应时间。但是，继续增大摩尔比，NaOH 用量太多，将会造成 NaOH 的大量浪费，对于同一体积的反应器来说，氯萘投入量减少，影响生产效率，因此摩尔比不宜超过 4.5。这样，下一个实验点的选取，就成了有约束条件的实验。即当 $n = 4.5$ 时，选取转化率 x 达到 99% 的最短反应时间的问题。陡度法实验的作用就是将二维优选变成了一维优化的问题。

按照反应动力学的规律，转化率自 74.3% 提高到 99%，所需反应时间比 $x = 1\%$ 到 74.3% 要长得多。为此采用对分法进行实验，第 6 个实验点在 $n = 4.5$ 和 $t = 50\text{min}$ 的条件下进行，实验结果得出，$x = 91.2\%$，再延长一倍反应时间，找出当 $t = 100\text{min}$ 时，$x = 99\%$。进一步实验证明，$t < 100\text{min}$ 时，x 达不到 99%。这样，经过 7 次实验，就找到了预定的优选结果。

萘氯化、水解制 α-萘酚中间实验曾是河南省科学技术委员会下达的一项科技攻关任务。仅依这 7 次实验确定中试最佳工艺条件是不够充分的，还需进一步的探讨。例如将反应温度也列为优化因素，但是，这已是三维优化的问题，超出了二维优化的范围，要用正交设计才可进行实验设计。进一步的研究将在下一章进行讨论。

第7章 多因素优选的正交实验设计法

在化工工艺开发研究中,通常以反应的收率或选择性作为优化目标。反应温度、压力、原料的摩尔比、反应时间、催化剂的配方和制造方法,有时还会遇到搅拌速率和反应器类型等等多种因素对优化目标都会有重要影响。由于研究的因素较多,不能简化为单因素优选进行考察。将这些因素研究的条件列成表格,把各种可能的搭配逐一进行实验,工作量实在太大,甚至在事实上无法进行。这就需要一种科学的实验设计方法,通过特定安排的一些实验,判断出哪些因素是显著的,哪些是不够显著的,进而抓住主要矛盾,确定最佳工艺条件。正交实验设计,或称正交实验法,就是处理这类问题的得力工具。

"正交实验法"是研究处理多因素问题的一种科学方法。二次世界大战后,日本大力普及推广正交设计,在战后日本经济飞速发展起了重要作用。据有的日本专家估计,日本经济发展中,至少10%的功劳应归功于正交设计,可见经济效益之大。现在,我国推广的正交设计法,是中国科学院在日本推广的正交表基础上经过改进得到的,使用更为方便。

正交实验的手续是,根据实验的要求,排出因素(或称因子数),排定位级数(或称水平数)。然后,选用相应的正交表。按正交表的安排进行实验。最后,根据实验结果,对诸因素影响的显著程度和顺序作出判断。下面通过实例说明其应用方法。

7.1 MoO_3 流失因素考察实例

以钼为活性组分的催化剂,广泛用于氧化、加氢等许多化工工艺过程。钼的升华流失,常常是这类催化剂失活的主要原因之一,合成丙烯腈使用的钼铋磷催化剂就是一个典型例子。为了研究钼的流失规律,必须把工业上几个月甚至数年才能观察到的催化剂中钼含量的显著变化,缩短到 8h 左右。这就必须找到影响流失最显著的因素,从而强化实验条件,找出钼的流失规律。

为此,我们制备了以 Al_2O_3 为载体的 MoO_3 催化剂,在微型固定床反应器中,每次装入 1g,通过一定流速的水蒸气,在一定温度下先进行升华流失实验。10h后,测定钼的流失率。

从工厂的情况和初步实验的信息得知，需要考察温度 $t(℃)$、催化剂中 MoO_3 的初始含量 c_{s0} (kg MoO_3/kg Al_2O_3) 和水蒸气的流量 V(mL/min) 这 3 个因素的影响。如果每个因素又考察两个水平或位级，就构成了一组三因素两位级的实验。若把各因素位级排列组合，全面考察要做 8 次实验。但是，若用正交实验法，按三因素两位级对号入座，只要 4 次实验就可以解决问题。4 次实验可以代表 8 次实验的结果。

（1）查正交表，发现代号为 $L_4(2^3)$ 的正交表可以满足要求。各符号的意义依次是：L 为正交代号；4 为正交表的横行数，即实验次数；2 为位级数或水平数；3 为正交表中的直列数，即可以安排的最多因素数。

（2）列出本实验的因素位级表（见表 7.1）。

表 7.1　MoO_3 流失研究的因素位级

	温度(t)/℃	含量(c_{s0})/(kg MoO_3/kg Al_2O_3)	流量(V)/(mL/min)
位级 I	460	0.330	166
位级 II	550	0.423	394

（3）按照 $L_4(2^3)$ 正交表，共进行 4 次实验。第一次是 $t=460℃$，$c_{s0}=0.330$，$V=166mL/min$。实验测得，流失率为 1.0%。以此类推，各次实验条件和结果列在表 7.2 中。

表 7.2　$L_4(2^3)$ 正交表及 MoO_3 流失研究的实验结果

序号	温度 1	含量 2	流量 3	试验结果(流失率)/%
1	I	I	I	1.0
2	II	I	II	9.7
3	I	II	II	6.3
4	II	II	I	10.4
位级(I)结果和	7.3	10.7	11.4	
位级(II)结果和	20.1	16.7	16.0	
极　差	12.8	6.0	4.6	

（4）结果分析：如果把实验序号 1 和 3 加起来并把序号 2 和 4 的流失率（%）也加起来，得到：

（1）+（3）：　　　　1.0+6.3=7.3

（2）+（4）：　　　　9.7+10.4=20.1

（1）和（3）的温度都是 460℃，刚好有一个 c_{s0} 为 0.330 和 0.423 的条件，又有一个流量为 166 和 394 的条件；而（2）和（4）的温度都是 550℃，也刚好有一个 c_{s0} 为 0.330 和 0.423 的条件，也有一个流量为 166 和 394 的条件，因此，（1）+（3）和（2）+（4）的差别，反映了温度的影响。具体地说，550℃下 MoO_3 的流失率大，

460℃下的流失率小。20.1－7.3＝12.8，称为极差，定量反映两个温度位级对流失率影响的差别大小。

用类似的方法可以发现，(1)和(2)的实验结果相加与(3)和(4)的结果相加并作比较，反映出c_{s0}的影响。可以看出，c_{s0}越大，流失率越高。(1)＋(4)和(2)＋(3)的差别反映流量的影响，流量越大，流失率越高。

比较3个因素的极差，可以排出各因素影响大小的顺序。这就是：温度的影响最大，流量的影响最小。

为此，固定$c_{s0}=0.423$，流量＝418mL/min，继续升高温度，寻找强化流失率的条件，结果见表7.3。

表7.3 流失率随温度变化的关系

温度/℃	600	650	700	750
流失率/%	15.7	34.0	75.4	81.8

经过第二组实验以后，我们可以确定，实验宜于在700~750℃附近进行。在此基础上，系统研究了钼的升华流失规律，进一步的研究工作已在第5章中作了介绍。

7.2 氯萘水解制α-萘酚工艺条件的确定

原郑州工学院和郑州大学共同进行过α-萘酚在铜和氧化亚铜催化下，碱性水解制α-萘酚中间实验的工艺开发研究。反应是：

$$C_{10}H_7Cl+2NaOH \longrightarrow C_{10}H_7ONa+ NaCl +H_2O$$

为了系统地摸索工艺条件，在用陡度法(6.5节例6.6)初步摸索的基础上将温度也列为了观察因素，安排了三因素三位级的正交实验表(表7.4)。

表7.4 氯萘水解实验的因素位级表

因素 位级	温度/℃	反应时间/min	NaOH 与氯萘的摩尔比/ [(mol(NaOH)/mol(氯萘)]
Ⅰ	265	15	2.5
Ⅱ	277	30	3.0
Ⅲ	290	45	4.2

反应在 DF-01 型高压釜中进行，容积 100mL，内衬铜套，兼作催化剂，反应结束后，滴定氯离子含量，计算反应的转化率。

选用$L_9(3^4)$正交表见表7.5，第四列无因素可排，作为空列，不安排因素，按正交表要求，进行了 9 次实验，以氯萘转化率大小作为考察的指标，结果见

表7.5。

分别将温度列中Ⅰ位级、Ⅱ位级和Ⅲ位级的转化率相加，得：

$M_{11} = 0.160 + 0.325 + 0.547 = 1.032$

$M_{21} = 1.927$

$M_{31} = 2.741$

表 7.5 $L_9(3^4)$ 正交表和氯萘水解实验结果

实验号	温度/℃		时间/min		摩尔比/ (mol/mol)		空列		转化率/% (摩尔分率)
1	Ⅰ	265	Ⅰ	15	Ⅰ	2.5	Ⅰ		0.160
2	Ⅰ	265	Ⅱ	30	Ⅱ	3.0	Ⅱ		0.325
3	Ⅰ	265	Ⅲ	45	Ⅲ	4.2	Ⅲ		0.547
4	Ⅱ	277	Ⅰ	15	Ⅱ	3.0	Ⅲ		0.453
5	Ⅱ	277	Ⅱ	30	Ⅲ	4.2	Ⅰ		0.786
6	Ⅱ	277	Ⅲ	45	Ⅰ	2.5	Ⅱ		0.688
7	Ⅲ	290	Ⅰ	15	Ⅲ	4.2	Ⅱ		0.907
8	Ⅲ	290	Ⅱ	30	Ⅰ	2.5	Ⅲ		0.864
9	Ⅲ	290	Ⅲ	45	Ⅱ	3.0	Ⅰ		0.970
Ⅰ位级和	1.032		1.520		1.712		1.916		转化率总和 = 5.700
Ⅱ位级和	1.927		1.975		1.748		1.920		
Ⅲ位级和	2.741		2.205		2.240		1.864		
极　差	1.709		0.685		0.528		0.056		

温度因素的极差用最大的 M 值减去最小的 M 值，得：

$$M_{31} - M_{11} = 2.741 - 1.032 = 1.709$$

同时算出时间、摩尔比的极差，列在表7.5中。空列第Ⅱ位级和最大，第Ⅲ位级和最小，极差为0.056。

空列极差的意义：比较空列Ⅰ位级和、Ⅱ位级和及Ⅲ位级和，可以发现三个因素的三个位级各出现三次。例如空列Ⅰ位级和是试验号1、5、9三个序号结果相加：

序号	温度/℃	时间/min	摩尔比
1	265	15	2.5
5	277	30	4.2
9	290	45	3.0

在这3个序号中，位级Ⅱ和Ⅲ各出现三次。空列Ⅱ位级是试验号2、6、7三个序号结果的和，空列位级Ⅲ是试验号3、4、8三个序号的和，情况和空列Ⅰ位级相同。

对于空列来说，3 个因素在空列中的 3 个位级中均等出现，它们的 3 个位级和应该相等，极差本应为零。但是在实际实验中，总是有误差的，极差不能正好为零，它的数值大小正好反映了误差的大小。空列的极差为 0.056，时间的极差为 0.685，摩尔比的极差为 0.528，温度的极差为 1.709，后 3 个因素的极差都比空列的极差大一个数量级以上，都比误差大得多，说明这 3 个因素的影响都是显著的。

比较各因素的 M 值可以看到，温度越高转化率越高，时间越长转化率越高，摩尔比越大转化率越高。这些结果都符合反应速度变化的正常规律，因而启发我们进一步建立反应动力学模型，全面描述各种工艺条件变化对转化率的定量影响。

首先在 277℃氯萘的初始浓度 $c_{A0} = 0.57\text{mol/L}$，摩尔比 $n_2 = 4.2$ 时，进行了一组实验，结果见表 7.6。

表 7.6　氯萘水解的动力学实验结果

反应时间/min	5.0	10	20	32	44	46	70	100
转化率(x)/%	23.3	33.9	67.5	83.5	85.0	93.1	95.2	96.0

反应速率可以用二级动力学描述：

$$r = kc_A c_B$$

其积分式为：

$$kc_{A0}(n_2-2)t = \ln\frac{\dfrac{n_2}{2} - x}{\dfrac{n_2}{2}(1 - x)}$$

式中　c_A，c_B——分别表示氯萘和 NaOH 浓度，mol/L；

　　　n_2——摩尔比。

动力学式的计算曲线和实验点的比较见图 7.1，二者符合较好。

再做其他温度下的转化率并算出速率常数，实验时其他条件相同，结果如表 7.7 所示。

表 7.7　速度常数与温度的关系

温　度/℃	257	265	285	285	290
反应时间/min	30	30	17	8	13
转化率(x)/%	27.5	42.5	80.8	58.0	82
速度常数 $k\times10^3$	4.85	8.72	54.6	54.0	96.0

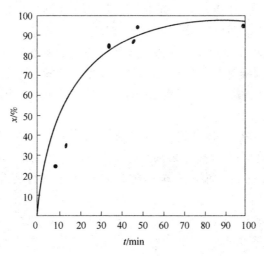

图 7.1　氯萘水解反应转化率随时间的变化

由此得出速度常数 k 与绝对温度 $T(\mathrm{K})$ 的关系式：

$$\ln k = 43.75 - \frac{52000}{RT}$$

工艺条件的确定：以上实验说明，提高反应温度，可以最有效地缩短反应时间。但在提高反应温度的同时，压力也迅速提高。综合考虑，按照工业规模高压釜的承受能力，选择 275℃，4.9MPa 的压力。把碱的浓度提高到 4mol/L，摩尔比 n 为 3，c_{A0} 相应为 1.13mol/L。按照动力学方程式计算，反应时间为 130min 时，氯萘的转化率为 99.5%。在时间延长到 3~4h，以留有余地。连续 15 批试验获得成功，这个方法通过了鉴定，后来，又获国家科学大会优秀成果奖。这个实例中介绍的材料，是根据当时的实验整理加工而成的。

7.3　正交试验结果的显著性检验

（1）正交表的方差分析。前面，我们用比较极差大小的方法，比较各因素影响的大小，这是一种定性的方法。要做定量的显著性检验，还是借助于方差分析，在这里，我们不讨论数理统计的原理，只介绍计算手续。要想了解它的道理，还需要学习数理统计的专门书籍。

仍以氯萘水解制 α-萘酚的正交实验为例说明计算方法。

用各位级平均值与总平均值差的平方和表示作用的大小，记 S_1 为 m_{11}，m_{21}，m_{31} 的离差平方和的三倍（因为每个位级重复了三次），即：

$$S_1 = 3\left[(m_{11} - \bar{x})^2 + (m_{21} - \bar{x})^2 + (m_{31} - \bar{x})^2 \right] \tag{7.1}$$

这里 m 是位级的平均值：$m_{11} = M_{11}/3$；$m_{21} = M_{21}/3$；$m_{31} = M_{31}/3$，$\bar{x}$ 是 9 次实验所得转化率的总平均值 $\sum_{1}^{9} x_i/9$。由此算出：

$$S_1 = 3\left[\left(\frac{1.032}{3} - \frac{5.70}{9}\right)^2 + \left(\frac{1.927}{3} - \frac{5.70}{9}\right)^2 + \left(\frac{2.741}{3} - \frac{5.70}{9}\right)^2\right] = 0.487$$

S_1 也可直接由 M 算出：

$$S_1 = \frac{(M_{11}^2 + M_{21}^2 + M_{31}^2)}{3} - \frac{T^2}{9} \tag{7.2}$$

这里 $T^2 = (\sum_{1}^{9} x_i)^2$。

同时可以算得，$S_2 = 0.081$，$S_3 = 0.058$，$S_4 = S_{误} = 0.00065$。

在方差分析中，还用到自由度 f 的概念：

$$f = 位级数 - 1 \tag{7.3}$$

在本例情况下，自由度 $f = 3 - 1 = 2$。

统计量 F 的计算式为：

$$F = \frac{S_{因}/f_{因}}{S_{误}/f_{误}} \tag{7.4}$$

查 F 检验的临界值（F_α），查出 $F_\alpha(f_{因}, f_{误})$ 的值，与计算得的 F 值相比较，看 F 值是否大于 $F_{1-\alpha}(f_{因}, f_{误})$。在 α 取 0.05 时，$1 - \alpha = 0.95$，它的意义是：F 若大于表值，我们有 95% 的把握说，这个因素是显著的，表中用 * 表示。在 α 取 0.01 时，$1 - \alpha = 0.99$，F 值大于表值，我们有 99% 的把握说这个因素是显著的。或者说，这个因素的作用是很显著的，用 * * 表示。这里以氯酚水解制 α-萘酚的结果为例，其方差分析表和显著性检验结果见表 7.8。

表 7.8 氯萘水解正交试验结果的显著性检验

方差名称	S	f	S/f	F	显著性
A	0.487	2	0.244	739.4	* *
B	0.081		0.0405	122.17	* *
C	0.058	2	0.029	87.9	*
误	0.0065	2	0.00033		

查 F 检验的临界值（F_α），当 $\alpha = 0.05$ 时，$F_\alpha(2, 2) = 19.0$；当 $\alpha = 0.01$ 时，$F_\alpha(2, 2) = 99.0$。因此，我们说，温度和时间对转化率的影响都是很显著的。

（2）苯酚合成工艺条件试验实例。为了熟悉正交设计试验显著性检验，再介绍一个苯酚合成工艺改进研究的实例。

某化工厂在原有基础上对苯酚合成条件作进一步研究，目的是提高苯酚产率。试验考察的因素和位级是：

    A：反应温度　　$A_1 = 300℃$　　　　$A_2 = 320℃$

    B：反应时间　　　　$B_1 = 20min$　　$B_2 = 30min$

    C：压　　力　　　　$C_1 = 2.026×10^7Pa$　　$C_2 = 2.533×10^7Pa$

    D：催化剂种类　　　$D_1 =$甲　　　　　　$D_2 =$乙

    E：NaOH 溶液用量　$E_1 = 80L$　　　　$E_2 = 100L$

由于各因素都是二位级，共有 5 个因素，故选 $L_8(2^7)$ 正交表（见表 7.9），在 $L_8(2^7)$ 正交表中，可以排 7 个因素。我们要研究的只有 5 个因素，可以排两个空列。在不考虑交互影响时，因素可以自由填入表中。试验结果见表 7.10。

表 7.9　$L_8(2^7)$ 正交表及苯酚合成实验结果

列号 实验号	A 1	B 2	3	C 4	D 5	E 6	7	结果 （产率）
1	Ⅰ	Ⅰ	Ⅰ	Ⅰ	Ⅰ	Ⅰ	Ⅰ	$y_1 = 83.4$
2	Ⅰ	Ⅰ	Ⅰ	Ⅱ	Ⅱ	Ⅱ	Ⅱ	$y_2 = 84.0$
3	Ⅰ	Ⅱ	Ⅱ	Ⅰ	Ⅰ	Ⅱ	Ⅱ	$y_3 = 87.3$
4	Ⅰ	Ⅱ	Ⅱ	Ⅱ	Ⅱ	Ⅰ	Ⅰ	$y_4 = 84.8$
5	Ⅱ	Ⅰ	Ⅱ	Ⅰ	Ⅱ	Ⅰ	Ⅱ	$y_5 = 87.3$
6	Ⅱ	Ⅰ	Ⅱ	Ⅱ	Ⅰ	Ⅱ	Ⅰ	$y_6 = 88.0$
7	Ⅱ	Ⅱ	Ⅰ	Ⅰ	Ⅱ	Ⅱ	Ⅰ	$y_7 = 92.3$
8	Ⅱ	Ⅱ	Ⅰ	Ⅱ	Ⅰ	Ⅰ	Ⅱ	$y_8 = 90.4$
M_1	339.5	342.7	350.1	350.3	348.4	351.6	348.5	$T = 697.5$
M_2	258.0	354.8	347.4	347.2	349.1	345.9	349.0	
m_1	84.9	65.7	87.5	87.6	87.1	87.9	87.1	
m_2	89.5	88.7	86.9	86.8	87.3	86.5	87.3	
S_1	42.781	18.301	0.911	1.201	0.061	4.061	0.031	67.349

这里，第 3 列、第 7 列未排因素，S_3 和 S_7 肯定是误差引起的，故 $S_误 = S_3 + S_7$，其自由度 $f_误 = (2-1) + (2-1) = 2$。

由于 D 行的 $S = 0.061$，比 $(S_3 + S_7)/2$ 即比 S 还要小，故将它也并入误差项而成误差，从而得，$f_误 = 2 + 1 = 3$。

表 7.10　苯酚合成正交试验结果的显著性实验

方差名称	S	f	S/f	F	显著性
A	42.781	1	42.781	128.1	＊＊
B	18.301	1	18.301	54.8	＊＊
C	1.201	1	1.201	3.6	
D＊	0.061	1	0.061		
E	4.061	1	4.061	12.2	＊
误	0.942	2	0.471		
误＊	1.003	3	0.334		

由此列出方差分析表，从附录 3 查得：

当 $\alpha = 0.05$ 时，$F_\alpha(1, 3) = 10.1$；

当 $\alpha = 0.01$ 时，$F_\alpha(1, 3) = 34.1$。

最后，做出显著性检验。因素反应温度和反应时间对产率的影响是很显著的，NaOH 用量的影响是显著的，压力和催化剂种类的影响是不显著的（表 7.10）。

正交表是多种多样的，使用者可以根据需要，灵活选用。在实验中经常遇到这样情况，有些因素需要详细了解，要比其他因素多安排一些位级，这就需要利用混合位级正交表。如 $L_{18}(6^1 \times 3^6)$ 正交表，这个表可以考察 1 个六位级的因素和 6 个三位级的因素。由于这些正交表可以从一般相关书中查出，本书不再作为附录列出。

在多因素实验中，常常有这种现象：各因素对指标的联合效应并不是各单因素效应的叠加。这时，正交表的设计中，要考虑交互作用。使用时请参考一般的正交设计书。

用正交设计安排试验通常不用做重复试验，因为一般地说，按已做试验的条件重复进行，不如用试验次数较多的更大的正交表，那样可以得到更多的信息。但有时实验误差较大，为了提高统计分析的可靠性，必要时，也可以做重复试验。还有一种情况，因素的个数如果和列数相等，这时就没有误差列，因而不能进行方差分析，在这种情况下，也必须做重复实验。对重复实验方差分析与本节的分析基本相同。使用时请参考相关的书籍。

第8章 二次回归正交实验设计

正交实验设计能利用较少的实验次数获得较好的实验结果，但它确定的优化方案只能限制在已定的水平上，而不是一定实验范围内的最优方案。回归正交实验设计在因素的实验范围内选择适当的实验点，用较少的实验建立一个精度高、统计性质好的回归方程，并能解决实验优化问题。

在实际生产和科学实验中，自变量之间往往存在交互作用影响，实验指标与实验因素之间的关系不宜用简单的一次回归方程来描述，需要用二次或更高次方程来拟合。本章介绍二次回归正交实验设计。

8.1　二次回归正交实验的数学模型和组合实验设计

二次回归设计就是采用二次多项式作为回归方程。当变量数为 m 时，二次回归模型的一般形式为

$$y = \beta_0 + \sum_{j=1}^{m} \beta_j x_j + \sum_{i<j} \beta_{ij} x_i x_j + \sum_{j=1}^{m} \beta_{jj} x_j^2 + \varepsilon \tag{8.1}$$

在二次回归模型中，共有 q 个待估计参数：

$$q = 1 + m + m(m-1)/2 + m = (m+1)(m+2)/2 \tag{8.2}$$

因此，要建立有 m 个变量的二次回归方程，实验次数应大于 q。而且为了估计未知参数 β_0，β_j，β_{ij}，β_{jj} 每个变量所取得的水平不应小于3。在三水平上做 m 个变量的全因素实验，实验次数为 3^m。当 $p=4$ 时，三水平的全因素实验次数是81次，比 $p=4$ 时的二次回归系数15要多4倍以上，以致剩余度过大。为了有效地减少不必要的实验次数，提出一种组合设计法。这种方法是在因素空间中选择几类具有不同特点的点，把它们适当组合成为一个实验计划，此计划应尽量减少实验次数，并且有正交性。

以 $m=2$ 为例，在有两个变量 x_1，x_2 场合下，组合设计由以下9个实验点组成(见表8.1)。

表 8.1　二因子二次回归组合实验设计表

实验号	z_1	z_2	y	说　明
1	1	1	y_1	这四个点为二水平全因子实
2	1	-1	y_2	验点构成，$2^2 = 4$，其水平为 +1
3	-1	1	y_3	和 -1
4	-1	-1	y_4	
5	γ	0	y_5	星号实验
6	$-\gamma$	0	y_6	这四个点分布在 x_1 和 x_2 坐标
7	0	γ	y_7	轴上，呈对称状态，离坐标轴
8	0	$-\gamma$	y_8	原点距离为 γ
9	0	0	y_9	零水平实验点，既坐标系统的原点

这 9 个实验点在平面图上的位置如图 8.1 所示。

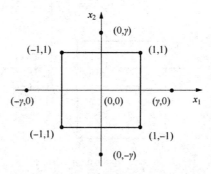

图 8.1　二因子二次回归组合实验设计实验点分布图

当 $m = 3$，即有三个变量 x_1，x_2，x_3 时，组合设计由 15 个实验点组成，见表 8.2。这 15 个实验点在空间的位置，如图 8.2 所示。

表 8.2　三因子二次回归组合实验设计表

实验号	z_1	z_2	z_3	y	说　明
1	1	1	1	y_1	
2	1	1	-1	y_2	
3	1	-1	1	y_3	
4	1	-1	-1	y_4	这八个点为二水平全因子实验点
5	-1	1	1	y_5	构成，$2^3 = 8$，其水平为 +1 和 -1
6	-1	1	-1	y_6	
7	-1	-1	1	y_7	
8	-1	-1	-1	y_8	

续表

实验号	z_1	z_2	z_3	y	说　　明
9	γ	0	0	y_9	
10	$-\gamma$	0	0	y_{10}	星号实验
11	0	γ	0	y_{11}	这六个点分布在 x_1，x_2，x_3 坐标
12	0	$-\gamma$	0	y_{12}	轴上，呈对称状态，离坐标轴原点
13	0	0	γ	y_{13}	距离为 γ
14	0	0	$-\gamma$	y_{14}	
15	0	0	0	y_{15}	零水平实验点，既坐标系统的原点

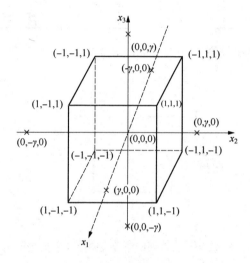

图 8.2　三因子二次回归组合实验设计实验点分布图

一般地，m 个变量的组合设计由下列三类实验点组成：

第一类点为二水平（-1 和 1）全因素实验的实验点，这类实验点共有 2^m 个，如果采用 1/2 或 1/4 实施法，则为 2^{m-1} 或 2^{m-2} 个实验点。

第二类点为分布在 m 个坐标轴上的星号点，这类实验点共有 $2m$ 个，它们与中心点的距离为 γ，称为星号臂。γ 是待定系数，可根据不同的要求确定 γ 值。

第三类点为中心点，即各变量都取零水平的实验点。在中心点上的实验可以只做一次，也可以重复做若干次。

如果将两因素的交互项和二次项列入组合设计表，则可得到表 8.3 和表 8.4。其中交互项和二次项列中的编码可直接由 z_1 和 z_2 写出。

表8.3　二因子二次回归正交组合设计

实验号	z_1	z_2	$z_1 z_2$	z_1^2	z_2^2	实验号	z_1	z_2	$z_1 z_2$	z_1^2	z_2^2
1	1	1	1	1	1	6	$-\gamma$	0	0	γ^2	0
2	1	-1	-1	1	1	7	0	γ	0	0	γ^2
3	-1	1	-1	1	1	8	0	$-\gamma$	0	0	γ^2
4	-1	-1	1	1	1	9	0	0	0	0	0
5	γ	0	0	γ^2	0						

表8.4　三因子二次回归正交组合设计

实验号	z_1	z_2	z_3	$z_1 z_2$	$z_1 z_3$	$z_2 z_3$	z_1^2	z_2^2	z_3^2
1	1	1	1	1	1	1	1	1	1
2	1	1	-1	1	-1	-1	1	1	1
3	1	-1	1	-1	1	-1	1	1	1
4	1	-1	-1	-1	-1	1	1	1	1
5	-1	1	1	-1	-1	1	1	1	1
6	-1	1	-1	-1	1	-1	1	1	1
7	-1	-1	1	1	-1	-1	1	1	1
8	-1	-1	-1	1	1	1	1	1	1
9	γ	0	0	0	0	0	γ^2	0	0
10	$-\gamma$	0	0	0	0	0	γ^2	0	0
11	0	γ	0	0	0	0	0	γ^2	0
12	0	$-\gamma$	0	0	0	0	0	γ^2	0
13	0	0	γ	0	0	0	0	0	γ^2
14	0	0	$-\gamma$	0	0	0	0	0	γ^2
15	0	0	0	0	0	0	0	0	0

8.2　二次回归组合实验设计的正交性

由表8.3和表8.4可知，增加了星号实验和零水平实验后，二次项失去了正交性，即该列编码的和不为零，与其他任意一列编码的乘积和也不为零。为了使表8.3和表8.4具有正交性，就应该确定合适的星号臂长度，并对二次项进行中心化处理。

（1）星号臂长度 γ 的确定

根据正交性的要求，可推导出星号臂 γ 必须满足如下关系式：

$$\gamma = \sqrt{\frac{\sqrt{(m_c + 2m + m_0) \, m_c} - m_c}{2}} \tag{8.3}$$

可见，星号臂长度 γ 与因素 m、零水平实验次数 m_0 及二水平实验数 m_c 有关，为了设计方便，将上述公式计算出来的一些常用的 γ 值列于表 8.5 中。

表 8.5　二次回归正交组合设计 γ 值表

m_0	因素数(m)					
	2	3	4(1/2 实施)	4	5(1/2 实施)	5
1	1.000	1.215	1.353	10414	1.547	1.596
2	1.078	1.287	1.414	1.483	1.607	1.662
3	1.147	1.353	1.471	1.547	1.664	1.724
4	1.210	1.414	1.525	1.607	1.719	1.784
5	1.267	1.471	1.575	1.664	1.771	1.841
6	1.320	1.525	1.623	1.719	1.820	1.896
7	1.369	1.575	1.668	1.771	1.868	1.949
8	1.414	1.623	1.711	1.820	1.914	2.000
9	1.457	1.668	1.752	1.868	1.958	2.049
10	1.498	1.711	1.792	1.914	2.000	2.097

（2）二次项的中心化

设二次回归方程中的二次项为 $z_{ji}^2 (j=1, 2, \cdots, m_j; i=1, 2, \cdots, n)$，其对应的编码用 z'_{ji} 表示，对二次项的每个编码进行中心化处理：

$$z_{ji} = z_{ji}^2 - \frac{1}{n}\sum_{i=1}^{n} z_{ji}^2 \qquad (8.4)$$

式中　z'_{ji}——中心化后的编码。

这样组合设计表中的 z_j^2 列就可变为 z'_j 列。表 8.6 为二次项中心化后的二因子二次回归正交组合设计编码表，采用零水平实验次数 $m_0=1$，$\gamma=1$。

表 8.6　二因子二次回归正交组合设计编码表

实验号	z_1	z_2	$z_1 z_2$	z_1^2	z_2^2	z'_1	z'_2
1	1	1	1	1	1	1/3	1/3
2	1	-1	-1	1	1	1/3	1/3
3	-1	1	-1	1	1	1/3	1/3
4	-1	-1	1	1	1	1/3	1/3
5	1	0	0	1	0	1/3	-2/3
6	-1	0	0	1	0	1/3	-2/3
7	0	1	0	0	1	-2/3	1/3
8	0	-1	0	0	1	-2/3	1/3
9	0	0	0	0	0	-2/3	-2/3

表 8.7 为三因子二次回归正交组合设计编码表，采用零水平实验次数 $m_0=1$，$\gamma=1.215$。

表 8.7 三因子二次回归正交组合设计编码表

实验号	z_1	z_2	z_3	$z_1 z_2$	$z_1 z_3$	$z_2 z_3$	z'_1	z'_2	z'_3
1	1	1	1	1	1	1	0.270	0.270	0.270
2	1	1	-1	1	-1	-1	0.270	0.270	0.270
3	1	-1	1	-1	1	-1	0.270	0.270	0.270
4	1	-1	-1	-1	-1	1	0.270	0.270	0.270
5	-1	1	1	-1	-1	1	0.270	0.270	0.270
6	-1	1	-1	-1	1	-1	0.270	0.270	0.270
7	-1	-1	1	1	-1	-1	0.270	0.270	0.270
8	-1	-1	-1	1	1	1	0.270	0.270	0.270
9	1.215	0	0	0	0	0	0.747	-0.730	-0.730
10	-1.215	0	0	0	0	0	0.747	-0.730	-0.730
11	0	1.215	0	0	0	0	-0.730	0.747	-0.730
12	0	-1.215	0	0	0	0	-0.730	0.747	-0.730
13	0	0	1.215	0	0	0	-0.730	-0.730	0.747
14	0	0	-1.215	0	0	0	-0.730	-0.730	0.747
15	0	0	0	0	0	0	-0.730	-0.730	-0.730

8.3 二次回归正交组合设计的基本步骤

（1）因素水平编码

确定因素 $x_j(j=1, 2, \cdots, m)$ 的变化范围和零水平实验的次数 m_0，再根据星号臂长 γ 的值，对因素水平进行编码，得到规范变量 $z_j(j=1, 2, \cdots, m)$。如果以 x_{j2} 和 x_{j1} 分别表示因素 x_j 的上下水平，则它们的算术平均值就是因素 x_j 的零水平，以 x_{j0} 表示。设 $x_{j\gamma}$ 与 $x_{-j\gamma}$ 为因素 x_j 的上下星号臂水平，则 $x_{j\gamma}$ 与 $x_{-j\gamma}$ 为因素 x_j 的上下限，于是有

$$x_{j0} = \frac{x_{j1} + x_{j2}}{2} = \frac{x_{j\gamma} + x_{-j\gamma}}{2} \tag{8.5}$$

所以，该因素的变化间距为

$$\Delta_j = \frac{x_{j\gamma} - x_{j0}}{\gamma} \tag{8.6}$$

然后对因素 x_j 的各个水平进行线性变换，得到水平的编码为

$$z_j = \frac{x_j - x_{j0}}{\Delta_j} \tag{8.7}$$

这样，编码公式就将因素的实际取值 x_j 与编码值 z_j 一一对应起来，见表 8.8，编码后，实验因素的水平被编为 $-\gamma$，-1，0，1，γ。

表 8.8　因素水平的编码表

规范变量(z_j)	自然变量(x_j)			
	x_1	x_2	$\cdots$	x_m
上星号臂 γ	$x_{1\gamma}$	$x_{2\gamma}$	$\cdots$	$x_{m\gamma}$
上水平 1	$x_{12}=x_{10}+\Delta_1$	$x_{22}=x_{20}+\Delta_2$	$\cdots$	$x_{m2}=x_{m0}+\Delta_m$
零水平 0	x_{10}	x_{20}	$\cdots$	x_{m0}
下水平 -1	$x_{11}=x_{10}+\Delta_1$	$x_{21}=x_{10}+\Delta_2$	$\cdots$	$x_{m1}=x_{m0}+\Delta_m$
下星号臂 $-\gamma$	$x_{-1\gamma}$	$x_{-2\gamma}$	$\cdots$	$x_{-m\gamma}$
变化间距 Δ_j	Δ_1	Δ_2	$\cdots$	Δ_m

（2）确定合适的二次回归正交组合设计

首先根据因素数 m 选择合适的正交表进行变换，明确 2 水平实验方案，2 水平实验次数 m_c 和星号臂实验次数 m_γ 也能随之确定，这一过程可以参考表 8.9。

表 8.9　正交表的选用

因素数(m)	选用正交表	表头设计	m_c	m_γ
2	$L_4(2^3)$	1，2 列	$2^2=4$	4
3	$L_8(2^7)$	1，2，4 列	$2^3=8$	6
4(1/2 实施)	$L_8(2^7)$	1，2，4，7 列	$2^{4-1}=8$	8
4	$L_{16}(2^{15})$	1，2，4，8 列	$2^4=16$	8
5(1/2 实施)	$L_{16}(2^{15})$	1，2，4，8，15 列	$2^{5-1}=16$	10
5	$L_{32}(2^{31})$	1，2，4，8，16 列	$2^5=32$	10

然后对二次项进行中心化处理，就可以得到具有正交性的二次回归正交组合设计编码表。

（3）实验方案的实施

根据二次回归正交组合设计表确定的实验方案，进行 n 次实验，得到 n 个实验指标。

（4）回归方程的建立

由具有正交性的二次回归正交组合设计编码表，以实验指标为目标函数通过软件建立回归方程（如：SPSS 软件，Design-Expert 等）。

（5）回归方程显著性检验

对回归方程的各项进行显著性检验，回归方程去掉不显著项。

（6）回归方程的回代

根据编码公式或二次项的中心化公式，将 z_j，x_j 与实验指标 y 之间的回归关系式转换成自然变量 x_j 与指标 y 之间的回归关系式。

（7）最优实验方案的确定

根据极值的必要条件：$\dfrac{\partial y}{\partial x_1}=0$，$\dfrac{\partial y}{\partial x_2}=0$，$\dfrac{\partial y}{\partial x_3}=0$，…，可以求出最优的实验条件。

8.4　二次回归正交组合设计应用实例

为提高钻头的寿命，在数控机床上进行实验，考察钻头的寿命 y 与钻头轴向振动频率 x_1 与振幅 x_2 的关系。实验中，x_1 与 x_2 的变化范围分别为：[125Hz，375Hz]与[1.5，5.5]，实用二次回归正交组合设计分析出 x_1，x_2 与实验指标（y）之间的关系，要求在中心点重复三次实验。

解：求解过程如下：

（1）因素水平编码

由于因素数 $m=2$，中心点重复实验 $m_0=3$，查表8.6得 $\gamma=1.417$。

钻头轴向振动频率（x_1）的上限 $x_{1\gamma}=375$，下限为 $x_{-1\gamma}=125$，所以零水平为 $x_{10}=250$，根据式8.6得变化间距 $\Delta_1=(375-125)/(2\times1.147)\approx109$，同理可计算出因素 x_2 的编码，如表8.10所示。

表 8.10　因素水平编码表

规范变量 z_j	自然变量（x_j）	
	x_1	x_2
上星号臂 γ	375	5.5
上水平 1	359	5.24
零水平 0	250	3.5
下水平 −1	141	1.76
下星号臂 −γ	125	1.5

（2）正交组合设计

选取组合实验设计表进行实验，二元二次回归正交组合设计表及实验结果列在表8.11中。

表 8.11　二元二次回归正交组合设计表及实验结果

实验号	z_1	z_2	$z_1 z_2$	z'_1	z'_2	y
1	1	1	1	0.397	0.397	161
2	1	−1	−1	0.397	0.397	129
3	−1	1	−1	0.397	0.397	166
4	−1	−1	1	0.397	0.397	135
5	1.147	0	0	0.713	−0.603	187
6	−1.147	0	0	0.713	−0.603	170

实验号	z_1	z_2	$z_1 z_2$	z'_1	z'_2	y
7	0	1. 147	0	−0. 603	0. 713	174
8	0	−1. 147	0	−0. 603	0. 713	146
9	0	0	0	−0. 603	−0. 603	203
10	0	0	0	−0. 603	−0. 603	185
11	0	0	0	−0. 603	−0. 603	230

（3）建立回归方程

规范变量 z 与实验指标 y 之间的回归关系式为

$$y = 171.455 + 1.282z_1 + 14.342z_2 + 0.25z_1 z_2 - 22.12z'_1 - 36.115z'_2$$

进行方差分析和显著性检验，去掉不显著项，则系数显著的回归方程为：

$$y = 171.455 - 22.12z'_1 - 36.115z'_2$$

（4）回归方程的回代

由二次项中心化公式（8.5）可得：

$$z'_1 = z_1^2 - \frac{1}{n}\sum_{i=1}^{n} z_{1i}^2 = z_1^2 - \frac{6.631}{11} = z_1^2 - 0.6028$$

$$z'_2 = z_2^2 - \frac{1}{n}\sum_{i=1}^{n} z_{2i}^2 = z_2^2 - \frac{6.631}{11} = z_2^2 - 0.6028$$

根据编码公式

$$z_1 = \frac{x_1 - 250}{(375 - 250)/1.147} = 0.009176 x_1 - 2.294$$

$$z_2 = \frac{x_2 - 3.5}{(5.5 - 3.5)/1.147} = 0.5735 x_2 - 2.0073$$

带入回归方程可以得到：

$$y = 0.9313x_1 + 83.1502x_2 - 0.001863x_1^2 - 11.8783x_2^2 - 55.3626$$

（5）最优实验方案的确定

根据极值的必要条件 $\frac{\partial y}{\partial x_1} = 0$，$\frac{\partial y}{\partial x_2} = 0$，即

$$\begin{cases} 0.9313 - 0.003726 x_1 = 0 \\ 83.1502 - 23.7566 x_2 = 0 \end{cases}$$

解得 $x_1 = 250$，$x_2 = 3.5$ 时，实验指标 y 可以达到最大值，这时钻头的寿命为 206。

第9章 均匀设计及应用

对于多因素、多水平的实验，安排正交实验次数很多，为了减少实验次数，我国学者方开泰、王元独立提出了均匀实验设计方法。

正交设计实验次数随水平数的平方数而增加。5 因素 31 水平的实验用正交设计需做 961 次，采用均匀设计只需做 31 次实验；对于均匀设计法，每个因素的每个水平只做一次实验。

均匀设计的概念及提出背景：1978 年七机部由于导弹设计的要求提出来一个 5 因素、每个因素水平数多于 10 而实验总数又不超过 50 次的实验，很显然优选法和正交设计法都不能用，于是方开泰、王元提出了一个新的实验设计方法即均匀设计。均匀设计方法为了减少实验工作量，在不必考虑实验数据的整齐可比性，而让实验点在实验范围内充分地均衡分散时，可从全面实验中挑选比正交实验更少的实验点作为代表进行实验。这种方法着眼于实验点充分地均衡分散。

"均匀设计"是指单纯从均匀性出发的设计。"正交设计"具有"均匀分散、整齐可比"的特点，而在均匀设计中只考虑实验点的"均匀分散"性，即让实验点均衡地分布在实验范围内，使每个实验点有充分的代表性。这样，均匀设计的实验点会比正交设计的实验点分布得更均匀，因而具有更好的代表性。由于不再考虑"整齐可比"性，在正交设计中为整齐可比而设置的实验点可不再考虑，因而大大减少了实验次数。

9.1 均匀设计表的使用和特点

均匀设计像正交设计一样也是通过一套精心设计的表来进行实验设计的，但是它是一种仅考虑实验点在实验范围内均匀散布的实验设计方法。每一个均匀设计表有一个代号 $U_n(q^s)$ 或 $U_n^*(q^s)$，其中"U"表示属于均匀设计，"n"表示要做 n 次实验，"q"表示每个因素有 q 个水平，"s"表示该表有 s 列。"U"的右上角加"$*$"和不加"$*$"代表两种不同类型的均匀设计表，通常加"$*$"的均匀设计表有更好的均匀性，应优先选用。例如表 9.1，$U_6^*(6^4)$ 表示要做 6 次实验，每个因素有 6 个水平，该表有 4 列。

与正交设计表不同的是，每个均匀设计表都附有一个使用表，它指示我们如何从设计表中选用适当的列，以及由这些列所组成的实验方案的均匀度。如表 9.2，$U_6^*(6^4)$ 的使用表告诉我们，若有两个因素，应选用 1、3 两列来安排实验；若有三个因素，应选用 1、2、3 三列，依此类推；最后 1 列 D 表示刻画均匀度的偏差，偏差值越小，表示均匀度越好。

均匀设计表的使用方法为：①根据实验的目的，选择合适的因素和相应的水平。②选择适合该实验的均匀设计表，然后根据该表的使用表指示从中选出列号，将因素分别安排到这些列号上，并将这些因素的水平按所在列的指示分别对号，则实验就安排好了。③谨记与正交设计表将因素安排在任意列都等价不同的是均匀设计表任两列组成的实验方案一般并不等价。

表 9.1 $U_6^*(6^4)$

	1	2	3	4
1	1	2	3	6
2	2	4	6	5
3	3	6	2	4
4	4	1	5	3
5	5	3	1	2
6	6	5	4	1

表 9.2 $U_6^*(6^4)$ 的使用表

S	列	号			D
2	1	3			0.1875
3	1	2	3		0.2656
4	1	2	3	4	0.2990

例如，用 $U_6^*(6^4)$ 的 1，3 和 1，4 列分别画图，得图 9.1(a) 和图 9.1(b)。我们看到，图 9.1(a) 的点散布比较均匀，而图 9.1(b) 的点散布并不均匀。均匀设计表的这一性质和正交表有很大的不同，因此，每个均匀设计表必须有一个附加的使用表。

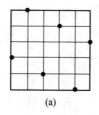
(a)

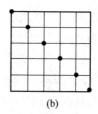
(b)

图 9.1 均匀设计表的分布均匀性图

9.2 均匀设计表的构造和运用

均匀设计表的定义：每一个均匀设计表是一个方阵，设方阵有 n 行 m 列，每一行是 $\{1, 2, \cdots, n\}$ 的一个置换（即 $1, 2, \cdots, n$ 的重新排列），表的第一行是 $\{1, 2, \cdots, n\}$ 的一个子集，但不一定是真子集。

符合上述定义的均匀设计表数量太多，现仅介绍用好格子点法（good lattice point）构造的均匀设计表，其方法如下：

（1）给定实验数 n，寻找比 n 小的整数 h，且使 n 和 h 的最大公约数为 1。符合这些条件的正整数组成一个向量 $h = (h_1, \cdots, h_m)$。

（2）均匀设计表的第 j 列按下法生成

$$u_{ij} = jh_i [\bmod n] \qquad (9.1)$$

这里 $[\bmod n]$ 表示同余运算，若 jh_i 超过 n，则用它减去 n 的一个适当倍数，使差落在 $[1, n]$ 之中。U_{ij} 可以递推来生成

$$u_{1j} = h_j$$

$$u_{i+1, j} = \begin{cases} u_{ij} + h_j & \text{若 } u_{ij} + h_j \leq n \\ u_{ij} + h_j - n & \text{若 } u_{ij} + h_j > n \end{cases}$$

$$i = 1, \cdots, n-1 \qquad (9.2)$$

例如，当 $n = 9$ 时，符合条件 1）的 h 有 1，2，4，5，7，8；而 h = 3 或 h = 6 时不符合条件 1），因为最大公约数 $(3, 9) = 3$，$(6, 9) = 3$，均大于 1. 所以 U_9 最多只可能有 6 列，又如当 $h_3 = 4$ 时，用公式（9.2）来生成该列时其结果依次如下：

$$u_{13} = 4, \ u_{23} = 4 + 4 = 8, \ u_{33} = 8 + 4 = 12 = 3(\bmod 9)$$

$$u_{43} = 3 + 4 = 7, \ u_{53} = 7 + 4 = 11 = 2(\bmod 9)$$

$$u_{63} = 2 + 4 = 6, \ u_{73} = 6 + 4 = 10 = 1(\bmod 9)$$

$$u_{83} = 1 + 4 = 5, \ u_{93} = 5 + 4 = 9$$

其结果列于表 9.3 的第三列。

表 9.3 $U_9(9^6)$

	1	2	3	4	5	6
1	1	2	4	5	7	8
2	2	4	8	1	5	7
3	3	6	3	6	3	6
4	4	8	7	2	1	5
5	5	1	2	7	8	4

	1	2	3	4	5	6
6	6	3	6	3	6	3
7	7	5	1	8	4	2
8	8	7	5	4	2	1
9	9	9	9	9	9	9

用上述步骤生成的均匀设计表记作 $U_n(n^m)$ ，向量 h 称为该表的生成向量。

9.3 混合水平均匀设计表的使用

现再简单介绍混合水平的均匀设计表的使用，若在一个实验中，有两个因素 A 和 B 为三水平，一个因素 C 为二水平。分别记它们的水平为 A_1，A_2，A_3，B_1，B_2，B_3 和 C_1，C_2。这个实验可以用正交表 $L_{18}(2^1 \times 3^7)$ 来安排，这等价于全面实验，并且不可能找到比 L_{18} 更小的正交表来安排这个实验。能否用均匀设计来安排这个实验呢？直接运用是有困难的，但可以使用拟水平的方法做。若我们选用均匀设计表 $U_6(6^4)$，按使用表的推荐用 1，2，3 前 3 列。若将 A 和 B 放在前两列，C 放在第 3 列，并将前两列的水平合并：$\{1, 2\} \Rightarrow 1$，$\{3, 4\} \Rightarrow 2$，$\{5, 6\} \Rightarrow 3$。同时将第 3 列水平合并为二水平：$\{1, 2, 3\} \Rightarrow 1$，$\{4, 5, 6\} \Rightarrow 2$，于是得设计表 9.4，这是一个混合水平的设计表 $U_6(3^2 \times 2^1)$。这个表有很好的均衡性，例如，A 列和 C 列、B 列和 C 列的二因素设计正好组成它们的全面实验方案，A 列和 B 列的二因素设计中没有重复实验。可惜的是并不是每一次作拟水平设计都能这么好。例如，我们要安排一个二因素（A，B）五水平和一个一因素（C）二水平的实验。这项实验若用正交设计，可用 L_{50} 表，但实验次数太多。若用均匀设计来安排，可用 $U_{10}(10^8)$。由使用表指示选用 1，5，6 三列。对 1，5 列采用水平合并 $\{1, 2\} \Rightarrow 1$，…，$\{9, 10\} \Rightarrow 5$；对 6 列采用水平合并 $\{1, 2, 3, 4, 5\} \Rightarrow 1$，$\{6, 7, 8, 9, 10\} \Rightarrow 2$，于是得表 9.5 的方案。这个方案中 A 和 C 的两列，有两个（2，2），但没有（2，1），有两个（4，1），但没有（4，2），因此均衡性不好。

表 9.4 拟水平设计 $U_6(3^2 \times 2^1)$

No	A	B	C
1	(1)1	(2)1	(3)1
2	(2)1	(4)2	(6)2
3	(3)2	(6)3	(2)1

续表

No	A	B	C
4	(4)2	(1)1	(5)2
5	(5)3	(3)2	(1)1
6	(6)3	(5)3	(4)2

表 9.5 拟水平设计 $U_{10}(5^2 \times 2^1)$

No	A	B	C
1	(1)1	(5)3	(7)2
2	(2)1	(10)5	(3)1
3	(3)2	(4)2	(10)2
4	(4)2	(9)5	(6)2
5	(5)3	(3)2	(2)1
6	(6)3	(8)4	(9)2
7	(7)4	(2)1	(5)1
8	(8)4	(7)4	(1)1
9	(9)5	(1)1	(8)2
10	(10)5	(6)3	(4)1

若选用 $U_{10}^*(10^8)$ 的 1，2，5 三列，用同样的拟水平技术，便可获得表 9.6 列举的 $U_{10}^*(5^2 \times 2^1)$ 表，它有较好的均衡性。由于 $U_{10}^*(10^8)$ 表有 8 列，我们希望从中选择三列，由该三列生成的混合水平表 $U_{10}^*(5^2 \times 2^1)$ 既有好的均衡性，又使偏差尽可能地小，经过计算发现表 9.6 给出的表偏差 $D = 0.3925$，达到了最小。

表 9.6 拟水平设计 $U_{10}^*(5^2 \times 2^1)$

No	A	B	C
1	(1)1	(2)1	(5)1
2	(2)1	(4)2	(10)2
3	(3)2	(6)3	(4)1
4	(4)2	(8)4	(9)2
5	(5)3	(10)5	(3)1
6	(6)3	(1)1	(8)2
7	(7)4	(3)2	(2)1
8	(8)4	(5)3	(7)2
9	(9)5	(7)4	(1)1
10	(10)5	(9)5	(6)2

9.4 配方均匀设计

配方设计在化工、橡胶、食品，材料工业等领域中十分重要，设某产品有 s 种原料 M_1，…，M_s 组成或合成，它们在产品中的百分比分别记作 X_1，…，X_s。显然有 $X_1 \geqslant 0$，…，$X_s \geqslant 0$，$X_1 + \cdots + X_s = 1$。欲寻找最佳配方，需要做配方实验或混料实验，由于 X_1，…，X_s 之间不独立，故可使用配方均匀设计方法进行实验设计。下面再对配方均匀设计进行一下简单介绍：s 种原料的实验范围是单纯形 T_s，设我们打算比较 n 种不同的配方，这些配方对应 T_s 中 n 个点，配方均匀设计的思想就是使这 n 个点在 T_s 中散布尽可能均匀。其设计方案可用如下步骤获得：

（1）给定 s 和 n，生成向量 $(h_1$，…，$h_{s-1})$，并由这个生成向量产生均匀设计表 $U_n(s^{s-1})$ 或 $U_n(n^{s-1})$，用 $\{q_{ki}\}$ 记 $U_n(n^{s-1})$ 或 $U_n(n^{s-1})$ 中的元素。

（2）对每个 i，计算

$$C_{ki} = \frac{2q_{ki} - 1}{2n}, \quad k = 1, \cdots, n \tag{9.3}$$

（3）计算

$$\begin{cases} X_{ki} = (1 - C_{ki}^{\frac{1}{s-i}}) \prod_{j=1}^{i-1} C_{kj}^{\frac{1}{s-j}}, & i = 1, \cdots, s-1 \\ X_{ks} \prod_{j=1}^{s-1} C_{kj}^{\frac{1}{s-j}}, & k = 1, \cdots, n \end{cases} \tag{9.4}$$

由 $\{x_{ki}\}$ 就给出了对应 n、s 的配方均匀设计，并用记号 $UM_n(n^s)$ 示之。

表 9.7 对 $n=11$，$s=3$ 时给出了产生 $UM_{11}(11^3)$ 的过程，这时计算公式（9.4）有如下简单形式：

$$\begin{cases} X_{k1} = 1 - \sqrt{C_{k1}} \\ X_{k2} = \sqrt{C_{k1}}(1 - C_{k2}) \\ X_{k3} = \sqrt{C_{k1}} C_{k2} \end{cases} \tag{9.5}$$

表 9.7 $UM_{11}(11^3)$ 及其生成过程

No.	C_1	C_2	X_1	X_2	X_3
1	1/22	13/22	0.787	0.087	0.126
2	3/22	5/33	0.631	0.285	0.084
3	5/22	19/22	0.523	0.065	0.412
4	7/22	11/22	0.436	0.282	0.282

续表

No.	C_1	C_2	X_1	X_2	X_3
5	9/22	3/33	0.360	0.552	0.087
6	11/22	17/22	0.293	0.161	0.546
7	13/22	9/22	0.231	0.454	0.314
8	15/22	1/22	0.174	0.788	0.038
9	17/22	15/22	0.121	0.280	0.599
10	19/22	7/22	0.071	0.634	0.296
11	21/22	21/22	0.023	0.044	0.993

用配方均匀设计安排好实验后，根据实验的目的获得反应变量 Y 的值 $\{Y_i\}$，进一步分析与前述均匀设计一样也是用回归分析，当因素间没有交互作用时使用线性模型；当因素间有交互作用时用二次型回归模型或其他非线性回归模型，现举例来说明。

例9.1 在一个新材料研制中，选择了主要三种金属的含量 X_1，X_2，X_3 作为因素。根据实验条件的允许和精度的要求，选择了 $UM_{15}(15^3)$ 表来安排实验，其实验方案和 Y 值列于表9.8，由于 $X_1+X_2+X_3=1$，故表中仅列出 X_1 和 X_2。

表9.8 实验方案和结果

No.	X_1	X_2	Y
1	0.817	0.055	8.508
2	0.684	0.179	9.464
3	0.592	0.340	9.935
4	0.517	0.048	9.400
5	0.452	0.210	10.680
6	0.394	0.384	9.748
7	0.342	0.592	9.698
8	0.293	0.118	10.238
9	0.247	0.326	9.809
10	0.204	0.557	9.732
11	0.163	0.809	8.933
12	0.124	0.204	9.971
13	0.087	0.456	9.881
14	0.051	0.727	8.892
15	0.017	0.033	10.139

解： 利用逐步回归和二次型回归模型最终选定回归方程为：

$$Y = 10.09 + 0.797X_1 - 3.454X_1^2 - 2.673X_2^2 + 0.888X_1X_2$$

相应的 $R = 0.90$，$\sigma = 0.289$。由于 $X_1 + X_2 + X_3 = 1$，回归方程中仅有 X_1 和 X_2 出现，由回归方程可以看到 X_1 和 X_2 具有交互作用。

前面讨论的配方设计对各个因素是一视同仁的，但在许多配方中有些成分的含量很大，有些则很小，这种配方称为有约束的配方，这时上面所介绍的方法均不能直接运用，下面介绍有约束的配方均匀设计。

设在一配方中有 s 个成分 X_1，$\cdots$，X_s，它们有约束条件如下：

$$\begin{cases} X_1 + \cdots + X_s = 1 \\ a_i \leqslant X_i \leqslant b_i, \quad i = 1, \cdots, s \end{cases} \tag{9.6}$$

当某个因子 X_j 没有约束时，相应的 $a_j = 0$，$b_j = 1$。

例 9.2 若一配方有三个成分 X_1，X_2 和 X_3，它们目前按 70%，20%，10% 组成配方，为了提高质量，希望寻求新的配比，这时我们希望设计一个实验，使

$$\begin{cases} 0.6 \leqslant X_1 \leqslant 0.8 \\ 0.15 \leqslant X_2 \leqslant 0.25 \\ 0.05 \leqslant X_3 \leqslant 0.15 \\ X_1 + X_2 + X_3 = 1 \end{cases} \tag{9.7}$$

如何用均匀设计来设计实验方案呢？本例由于 X_1 的含量较高，我们可以将 X_2 和 X_3 在实验范围内按独立变量的均匀设计去选表，然后用 $X_1 = 1 - X_2 - X_3$ 给出 X_1 的比例，若 X_2 和 X_3 都在实验范围内取 11 个水平，并用 $U_{11}^*(11^2)$ 来安排 X_2 和 X_3，得表 9.9 之实验方案。该方案并不十分理想，因为 X_1 只有三个水平：0.64，0.70，0.76。若选用 $U_{11}(11^2)$ 表，其实验方案列于表 9.10，这时不仅 X_2 和 X_3 有 11 水平，X_1 也有 11 水平。

表 9.9 $U_{11}^*(11^2)$ 之实验方案

No.	X_1	X_2	X_3
1	0.76	0.15	0.09
2	0.70	0.16	0.14
3	0.76	0.17	0.07
4	0.70	0.18	0.12
5	0.76	0.19	0.05
6	0.70	0.20	0.10
7	0.64	0.21	0.15
8	0.70	0.22	0.08
9	0.64	0.23	0.13
10	0.70	0.24	0.06
11	0.64	0.25	0.11

表 9.10 $U_{11}(11^2)$ 之实验方案

No.	X_1	X_2	X_3
1	0.74	0.15	0.11
2	0.77	0.16	0.07
3	0.69	0.17	0.14
4	0.72	0.18	0.10
5	0.75	0.19	0.06
6	0.67	0.20	0.13
7	0.70	0.21	0.09
8	0.73	0.22	0.05
9	0.65	0.23	0.12
10	0.68	0.24	0.08
11	0.60	0.25	0.15

上述的两个方案重点在考虑 X_2 和 X_3, 而 X_1 似乎是一种"陪衬", 不得已而变之, 而且 X_1 的变化范围和原设计并不十分吻合. 故这种方法所设计的实验均匀性有时不一定很好. 能否将 X_1, X_2, X_3 同时来考虑, 其中没有一个是陪衬呢? 目前尚没有特别好的方法, 我们仍以例 9.2 来讨论, 令 $\{(C_{k1}, C_{k2}), k = 1, \cdots, n\}$ 为 C^2 中的一组分散均匀的点集, 由变换式(9.5)我们可获得单纯形 T_3 上的一组点, 因此, $\{(C_{k1}, C_{k2})\}$ 应满足约束式(9.7), 即

$$\begin{cases} 0.6 \leq 1 - \sqrt{C_{k1}} \leq 0.8 \\ 0.15 \leq \sqrt{C_{k1}}(1 - C_{k2}) \leq 0.25 \\ 0.05 \leq \sqrt{C_{k1}} C_{k2} \leq 0.15 \end{cases} \tag{9.8}$$

上式的约束成为

$$\begin{cases} 0.04 \leq C_{k1} \leq 0.16 \\ 1 - \dfrac{0.25}{\sqrt{C_{k1}}} \leq C_{k2} \leq 1 - \dfrac{0.15}{\sqrt{C_{k1}}} \\ \dfrac{0.05}{\sqrt{C_{k1}}} \leq C_{k2} \leq \dfrac{0.15}{\sqrt{C_{k1}}} \end{cases} \tag{9.9}$$

由它们所决定的区域 D 如图 9.2 所示, 不难求得, 区域 D 落于矩形 $R = [0.04, 0.16] \times [1/6, 0.5]$ 之中, 于是, 我们若在矩形 R 之中给出一个均匀设计, 其中落在 D 的点可以视为 D 上的一个均匀设计, 然后再利用式(9.5)便可获得我们要求的均匀设计方案。

设取 $n = 21$ 时知应当用 $U_{21}^*(21^2)$ 的第 1 和第 5 列, 由它们生成的均匀设计(见表 9.11 前两列)再通过变换变到单位正方体之中(见表 9.11 第 3、4 列), 记

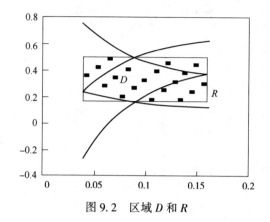

图 9.2   区域 D 和 R

变换后的点为 $\{(C_{k1}, C_{k2}), k=1, \cdots, 21\}$，其次将这些点通过线性变换到矩形 R 上去，其变换为

$$C_{k1}^* = 0.04 + (0.16 - 0.04)c_{k1}$$

$$C_{k2}^* = \frac{1}{6} + \left(0.5 - \frac{1}{6}\right)c_{k2} \qquad k = 1, 2, \cdots, 21$$

它们的值列于表 9.11 的最后两列，其中在实验点编号上加了"＊"的表示该点落在区域 D 之内，未加"＊"的表示落在 D 之外，我们看到编号为 4，6，7，8，9，10，11，13，16，18 的点落在 D 内。由这些点通过变换获得落在式(9.7)所规定的区域的 10 个实验点，它们列在表 9.12 之中。用上述方法所获得的实验方案布点均匀，但实验数不易预先确定。例如若我们希望做 12 次实验，用上述方法只能获得 10 个实验的配方，为此，我们可以尝实开始时 $n>21$，比如 $n = 24$，再用类似办法看看最后有多少个点落在 D 之中。

表 9.11   有限制的配方设计

No.	1	5	C_1	C_2	C_1^*	C_2^*
1	1	13	0.0238	0.5952	0.0429	0.3651
2	2	4	0.0714	0.1667	0.0486	0.2222
3	3	17	0.1190	0.7857	0.0543	0.4286
4 ＊	4	8	0.1667	0.3571	0.0600	0.2587
5	5	21	0.2143	0.9762	0.0657	0.4921
6 ＊	6	12	0.2619	0.5476	0.0714	0.3492
7 ＊	7	3	0.3095	0.1190	0.0771	0.2063
8 ＊	8	16	0.3571	0.7381	0.0829	0.4127

续表

No.	1	5	C_1	C_2	C_1^*	C_2^*
9 *	9	7	0.4048	0.3095	0.0886	0.2698
10 *	10	20	0.4524	0.9286	0.0943	0.4762
11 *	11	11	0.5000	0.5000	0.1000	0.3333
12	12	2	0.5476	0.0714	0.1057	0.1905
13 *	13	15	0.5952	0.6905	0.1114	0.3968
14	14	6	0.6429	0.2619	0.1171	0.2540
15	15	19	0.6905	0.8810	0.1229	0.4603
16 *	16	10	0.7381	0.4524	0.1286	0.3175
17	17	1	0.7857	0.0238	0.1343	0.1746
18 *	18	14	0.8333	0.6429	0.1400	0.3810
19	19	5	0.8810	0.2143	0.1457	0.2381
20	20	18	0.9286	0.8333	0.1514	0.4444
21	21	9	0.9762	0.4048	0.1571	0.3016

表 9.12 实验方案

No.	X_1	X_2	X_3
1	0.7551	0.1750	0.0700
2	0.7327	0.1739	0.0933
3	0.7223	0.2204	0.0573
4	0.7122	0.1691	0.1188
5	0.7024	0.2173	00803
6	0.6929	0.1608	0.1462
7	0.6838	0.2108	0.1054
8	0.6662	0.2013	0.1325
9	0.6414	0.2447	0.1138
10	0.6258	0.2316	0.1425

　　我们做实验设计时都希望安排最少的实验次数来达到我们的目的，这也是实验设计这门课的最主要任务。但是需要注意的是：规律是客观存在的，它存在于数据之中，如果数据太少，那么它携带的有效信息相对也少。如果规律比较简单，实验次数应该是自变量个数的 2 倍左右；如果规律复杂，应该选择 3 倍左右为妥。追求最少的实验次数不是目的，而仅仅是手段，手段必须服从目的，不能够本末倒置。

第10章　数学模拟实验

前面几章，我们介绍了单因素优选法、正交实验法、二次回归正交实验设计和均匀实验设计，这些方法都是一般的方法，它们使用方便，效率很高，但是也有不少缺点。这些缺点是：①它并不要求了解对象的特殊性，因此，不能很有效地帮助人们对对象的认识。②正因为它是"一般的"方法，适用于一切实验，因而能获得的简化效果也是有限的。根据对象的特殊性，所能作出的简化往往能远远超过这些"一般的"简化所能达到的限度。③长期地过分依赖这种"一般化"的简化，将使实验者逐步失去理论思维的能力和对对象进行剖析的习惯。

为此，本章介绍数学模型方法和数学模拟实验方法。数学模型法也是一种指导实验的方法，它与前面讲的一般化的方法不同之处，在于它不是作"一般化"的简化，而是在认识并剖析对象之后，再对对象作分析和简化。数学模型就是对简化的过程作出数学描述。

对研究对象建立数学模型之后，即可进行数值计算，改变各种条件，通过计算可以获得该研究对象在各种条件下的性能和行为，这种计算称为数学模拟实验。数值计算如果是在计算机上进行的，则称为计算机模拟。

10.1　建立数学模型的一般步骤

模型：模型是实物、过程的表示方法，是人们认识事物的一种概念框架。也就是用某种形式来近似地描述或模拟所研究的对象或过程。模型可以分为具体模型和抽象模型，数学模型就是抽象模型中的一种。

数学模型：数学模型是关于部分现实世界的为一定目的而作的抽象、简化的数学结构。它用符号、公式、图表等刻画客观事物的本质属性与内在规律。数学模型是系统的某种特征的本质的数学表达式，是对所研究对象的数学模拟，是一种理想化的方法，是科学研究中一种重要的方法。

数学模型主要有解释、判断、预见三大功能。其中预见功能是数学模型最重要的功能，因为能否成功地利用数学模型所推导的规律与事实去预测未来，是衡量该模型价值与数学方法效力的最重要的标准。

一个理想的数学模型必须能反映系统的全部重要特性，同时在数学上又易于处理，满足模型的可靠性和适用性。可靠性指的是在允许的误差范围内，它能反映出该系统有关特性的内在联系；适用性指的是它必须易于数学处理和计算。

一个实际问题往往是很复杂的，影响它的因素总是很多的。如果想把它的全部影响因素都反映到数学模型中来，这样的数学模型是很难，甚至是不可能建立的。即使能建立也是不可取的，因为这样的模型非常复杂，很难进行数学推演和计算。反过来，若仅考虑易于数学处理这一要求，当然数学模型越简单越好，但是过分的简化又难以反映系统的有关主要特性，实际上所建立的数学模型往往是这两种互相矛盾要求的折中处理。下面介绍建立数学模型的一般步骤。

建立一个系统的数学模型大致有两种方法：一种是实验归纳的方法，即根据测试或计算数据，按照一定的数学方法，归纳出系统的数学模型。由第3章、第4章介绍的经验模型建立方法，实际上就可看作是归纳法得出的模型。另一种是理论分析的方法，即根据客观事物本身的性质，分析因果关系，在适当的假设下用数学工具去描述其数量特征。本章主要是讨论用理论分析方法建立数学模型的问题。

用理论分析方法建立数学模型的主要步骤有：

（1）了解问题，明确目的。在建模前要对实际问题的背景有深刻的了解，进行全面的、深入细致的观察。明确所要解决问题的目的和要求，并按要求收集必要的数据，数据必须符合所要求的精确度。这是模型的准备过程。

（2）对问题进行简化和假设。一般地，一个问题是复杂的，涉及的方面较多，不可能考虑到所有因素，这就要求我们在明确目的、掌握资料的基础上抓住主要矛盾，舍去一些次要因素，对问题进行适当的简化，提出几条合理的假设。不同的简化和假设，有可能得出不同的模型和结果，究竟简化、假设到什么程度，要根据经验和具体问题去处理，最后还要由实践去检验。

（3）建立模型。在所作简化和假设的基础上，选择适当的数学工具来刻画、描述各种量之间的关系，用表格、图形、公式等来确定数学结构。我们要用数学模型解决实际问题，故可以用各种各样的数学理论和方法，必要时还要创造新的数学理论以适应实际问题。在保证精度的前提下应该尽量用简单的数学方法，以便推广使用。

（4）对模型进行分析、检验和修改。建立模型的目的是为了解释自然现象、寻找规律，以便指导人们认识世界和改造世界，建模并不是目的。所以模型建立后要对模型进行分析，即用解方程、推理、图解、计算机模拟、定理证明、稳定性讨论等数学的运算，并将所得结果与实际问题进行比较，以验证模型的合理性。必要时进行修改，调整参数，或者改换数学方法。一般地，一个模型要经过反复地修改才能成功。

（5）模型的应用。用已建立的模型分析、解释已有的现象，并预测未来的发展趋势，以便给人们的决策提供参考。

归纳起来，建立模型的主要步骤可用图 10.1 的框图来说明。

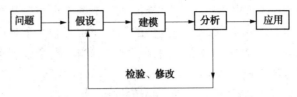

图 10.1　建立数学模型的主要步骤

为了更清楚地了解数学模型和数学模拟，下面我们通过一个实例进行说明。

10.2　AlCl₃在异丙苯合成反应系统中的停留时间分布

由苯和丙烯合成异丙苯可采用 AlCl₃ 催化法、分子筛气固催化法。作为建立模型的实例，这里介绍工业上曾经采用的 AlCl₃ 法建模的过程，其流程如图 10.2 所示。

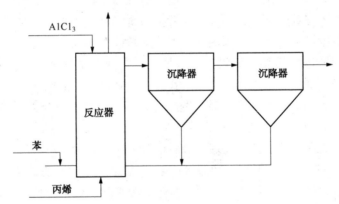

图 10.2　AlCl₃法合成异丙苯流程示意图

液态的苯和气态的丙烯连续从反应器下部通入，反应不完的尾气从塔顶排出，固体 AlCl₃ 从顶部每 8h 加入一次。AlCl₃加入反应器后，迅速和烃类生成液态的催化络合物，随物料一起溢流入两个串联的沉降器，在沉降器中未沉降下来的络合物，随烃化液一齐进入水洗塔。

由于烃化塔和沉降器密切相关，我们把它们合在一起，称为反应体系或反应系统。对于这个系统来说，在一个周期内，加入的 AlCl₃量应与带入水洗塔中络合物含有的 AlCl₃相等。很容易想到，由于物料连续流动，在刚投入 AlCl₃时，物料带出的 AlCl₃量一定多，系统内的 AlCl₃的浓度变化，必然会对反应发生明显的影响。为了保证后期例如第 7h 有一定的 $AlCl_3$ 浓度，一次投入的 $AlCl_3$ 浓度必须多一些，因而造成浪费。为了节约 $AlCl_3$，只有缩短 $AlCl_3$ 加入的周期。例如把 8h 加一次改为 1h 加一次，反应系统内的 $AlCl_3$ 浓度波动变化就会小得多。在维持反应正常进行的前提下，8h 加 8 次所用的 $AlCl_3$ 总和可以比 8h 加一次用的量少。但是，加料次数越多，操作工人的工作量越多。总的来看，有一个最优加料的时间问题。

如果提出任务，要求降低 $AlCl_3$ 耗量 20%~25%，依靠缩短加料时间可能做到吗？缩短到几小时加一次为宜？由于以前没有这方面的资料，不做实验，就不能回答，在做实验前，要先做实验设计。

首先想到的是一般的设计方法，这是一个改变加料时间的单因素优选问题。由于加料时间越短越好，实验设计宜用对分法，手续是：

第一次每 4h 加一次 $AlCl_3$，每次是原量的 40%，8h 总量为原量的 80%，节约 20%。从水洗塔出口分析产品组成，大约连续运转 3 个班，稳定之后，看产品组成能否满足工艺要求。若不能满足，再对分一次，2h 加一次 $AlCl_3$，每次是原量的 20%，连续运转 3 个班，观察是否能满足工艺要求，如此等等。大约至少要做 2 组或 3 组实验，花费几天时间。但是，由于这是万吨级生产规模，实验前对实验能否成功心中无数，如果出现一天不合格的产品，经济上就会造成很大的损失，生产上是不允许的。若改做小型模拟实验，由于系统结构复杂，很难准确模拟出物料流动的状况，所以采用数学模拟法进行实验研究。

要做数学模拟实验，首先要建立数学模型。要建立数学模型，就要先对 $AlCl_3$ 随烃化液流动过程的物理本质加以分析，有目的地测定必要的数据，整理出结果。

$AlCl_3$ 随烃化液流出是伴有返混的流动过程。如果没有任何返混，烃化液完全像柱塞一样流动，$AlCl_3$ 加入后，必会迅速地被这个活塞推出来，不能在反应系统内保留下一部分。因为烃化液流动总是有返混，$AlCl_3$ 才会随着返混有一部分被保留在反应系统之中，继续起催化作用。我们知道，人们总是把返混简化成两种极端模型：一种是柱塞流动，另一种是全混流动。一般的流动模型介于二者之间，其中一种模拟方法是等体积串联全混釜法。如果是一个全混釜，就是全混流；如果是无限多个等体积串联全混釜，就相当于柱塞流。介于二者之间的一般返混流动，可用有限个数等体积串联全混釜加以模拟和描述。我们面临的问题就是，这个反应系统等价于几个串联全混釜？

有关等体积串联全混釜的计算公式是：

$$E(t) = \frac{1}{\bar{t}} \times \frac{N}{(N-1)!} (Nt/\bar{t})^{N-1} \exp(-Nt/\bar{t}) \qquad (10.1)$$

式中，$E(t)$ 为单位时间流出的 $AlCl_3$ 占脉冲周期流出总 $AlCl_3$ 量的分率，在现在的情况下，每投一次 $AlCl_3$，就是一次脉冲，脉冲周期为 8h；t 为 $AlCl_3$ 在反应系统中的停留时间；$\bar{t}$ 为 $AlCl_3$ 在反应系统中的平均停留时间；N 为串联釜个数，$N = \bar{t}^2/\sigma^2$；σ^2 为 $AlCl_3$ 流出量的方差。

因此，要求我们测出不同时间的 $AlCl_3$ 流出量，作出 $AlCl_3$ 在反应系统中的停留时间分布曲线，从而算出均值和方差，进而求出釜数 N 来。

测定停留时间分布曲线并不难作，只要在物料流出反应系统后，在水洗塔前的取样口取样，分析 $AlCl_3$ 的流出浓度就可以了。对正常生产没有任何影响。郑州工学院 75 届同学在北京燕山石化总厂向阳化工厂的实测结果，如表 10.1 所示。

表 10.1　不同时间下测定的 $AlCl_3$ 浓度

t/h	1	2	3	4	5	6	7	8	9
$c/(kg/m^3)$	3.5	6.0	5.2	3.8	3.0	2.3	1.7	1.3	1.1
$E(t)$	0.125	0.215	0.186	0.136	0.108	0.083	0.061	0.047	0.039

烃化液浓度分析告诉我们，要维持正常生产，反应系统中 $AlCl_3$ 浓度应保持 $2kg/m^3$ 以上，对应于表 10.1 中 6~7h 时 $AlCl_3$ 的浓度。

平均停留时间的计算：

$$\bar{t} = \sum_1^9 t_i E(t_i) = 1 \times 0.125 + 2 \times 0.125 + \cdots + 9 \times 0.039 = 3.85 \quad (10.2)$$

方差 σ^2 的计算：

$$\sigma^2 = \sum_1^9 (t_i - \bar{t})^2 E(t_i) = 4.846 \quad (10.3)$$

釜数 N 的计算：

$$N = \frac{\bar{t}^2}{\sigma^2} = \frac{3.85^2}{4.846^2} = 3.0517 \approx 3 \quad (10.4)$$

从而得出 $E(t)$ 与 t 的关系式：

$$E(t) = \frac{1}{3.85} \times \frac{3}{3-1} \left(3 \times \frac{t}{3.85}\right)^{3-1} \exp\left(-3 \times \frac{t}{3.85}\right)$$
$$= 0.2365 t^2 \exp(-0.7792t) \quad (10.5)$$

这就是我们得到的数学模型。它定量地描述了任一时刻 $AlCl_3$ 流出的分率。它的物理意义是：在一个由烃化塔、两个沉降器和络合物沉降循环的反应系统中，尽管物料流动情况非常复杂，难以进行严格的返混计算，但是，我们可以用它等效于 3 个全混釜的流返混流动，对其进行数学描述。这 3 个等体积串釜，是流动过程简化了的物理模型，而不是客观过程逼真的描述。

由此，我们对建立数学模型的程序作出如下总结：①认识和剖析研究对象的物理或化学本质；②对过程本质作出简化，得出简化的物理模型；③对简化物理模型参数进行实验测定；④整理实验数据，得出研究对象的数学模型。

有了数学模型之后，我们就可以用数学模拟进行数学模拟，估计各种条件下的实验结果。

通过前面的实验结果，我们知道，$AlCl_3$ 在加入后 8h，基本上已经全部流出。如果缩短加料时间，如改为 4h 或 2h 加一次，就会出现第一次尚未流出完毕，第二次加入的就已开始流出的一波未平、一波又起的情况。流出量相互叠加，流出分率也相互叠加。因此，我们可以通过 $E(t)$ 的叠加计算，得到改变加料时间后的流出情况。

叠加的具体计算过程是：每次加入 1 个质量单位的 $AlCl_3$，这样，每小时流出的 $AlCl_3$ 量，数值上就等于 $E(t)$。从第 1 次加入 $AlCl_3$ 开始计时，若每 4h 加入一次，到任 1h $AlCl_3$ 的加入次数就可以很容易地计算出来。以第 17h 为例，已经加入 5 次。这个小时流出的 $AlCl_3$ 量，是 5 次加入 $AlCl_3$ 在该小时流出量的总和。第一次加入的 $AlCl_3$，经过十几个小时，基本上已全部流出，但从理论上讲，既不是活塞流动，总会有少量残存于反应系统中，在这时流出，它的流出量用 E1(17) 表示。4h 后，第二次加入 $AlCl_3$，在反应系统中停留 13h，它在这 1h 的流出量用 E2(13) 表示。依此类推，在第 17h 流出 $AlCl_3$ 的总量是：

$$\sum E(t) = E1(17) + E2(13) + E3(9) + E4(5) + E5(1) \qquad (10.6)$$

式(10.6)等式右边的诸项可由式(10.5)算出，最后得到 $\sum E(t)$ 为 0.248。

用这种方法计算了自第一次加入 $AlCl_3$ 为计时起点的 1~30h 的 $\sum E(t)$ 值，发现自 17h 后，流出量已经稳定。每 4h 重复一个周期，4h 的 $\sum E(t)$ 总和为 1。加入量与流出量达到平衡。这就是 $AlCl_3$ 加料时间改变后，$AlCl_3$ 流出情况的数学模拟计算。

这时的流出情况是：

每 4h 投入一次：

t/h	17	18	19	20
$E(t)$	0.248	0.288	0.261	0.206

可见流出分率的波动变化比 8h 一次要小得多，若 2h 投料一次，可以算得：

t/h	17	18
$E(t)$	0.51	0.49

$E(t)$ 的波动更小。若按 8h 投入 250kg $AlCl_3$ 计算，第 17h 的 $AlCl_3$ 浓度为

3. 45kg/mL，第 18h 的 $AlCl_3$ 浓度为 3. 40kg/mL，比实验要求的 2kg/mL 高得多。如果 40%$AlCl_3$ 8h 共加 150kg，仍可使反应系统中的浓度维持在 2kg/m³ 以上，能满足工艺要求。

在留有充分余地、不影响正常生产的情况下，采用 2h 加料一次，每次 50kg，8h 共投入 200kg，比原来的 250kg 节约 20%。进行了 3 个班的连续实验，结果证明，$AlCl_3$ 流出浓度基本稳定，烃化反应进行良好，完全满足工艺指标。

采用数学模拟之后，总共只做了一次有把握的证实性实验，显然比心中无数的对分法高明得多。当然，在我们对过程的物理或化学作用的实质不清楚时，仍然要用一般化的实验设计方法。

10. 3　RTD 曲线与补加催化剂的最佳周期

在连续生产的均相或拟均相催化反应中，催化剂和反应物流在反应系统中同步运动，造成催化剂被反应物流带出而流失，必须补加催化剂才能使生产稳定进行。由于催化剂用量很少，与原料一起连续加入有一定困难，不少工艺采用定期补加的方法。补加催化剂的最佳周期指的是在维持工艺指标的前提下，允许补加的最长时间间隔。上节讨论的 $AlCl_3$ 补加周期只是这类工艺的一个例子。在 $AlCl_3$ 减少加料的工作完成之后，我们进一步将这种建模的方法推广，以便为这类工艺提供一个一般化的优化方法。

（1）流动模型

催化剂流失的根本原因是它和反应物流一起运动。为了研究它的运动规律，首先讨论如下反应物流的简化模型（见图 10.3）。

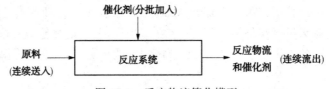

图 10.3　反应物流简化模型

在这个一般化的简化模型中，原料被连续、稳定地送入反应系统，反应后的物流带着部分催化剂连续从反应系统流出，催化剂分批补加到反应系统中。反应系统可以是一个反应器，也可以是几个反应器的组合，也可以是由反应器与有关辅助装置的组合，这些辅助装置对催化剂和反应物流的流动返混有一定作用。

显然，如果反应物流在反应系统中呈理想的柱塞式流动，一批催化剂加入后，像塞子一样被反应物流推出，不能在反应系统中有任何返混留存，就不能采用分批补加催化剂工艺，所以，补加催化剂最佳周期的数学模型必然建立在流动返混的数学模型基础上。在讨论这个问题之前先作如下假定：①每次补加催化剂的时间间隔和补加量都相同。②单位时间送入反应系统的物料量不变，经长期运转之后，反应系统处于稳定状态，系统内部无累积。每批加入的催化剂量等于一个周期内流出的催化剂量。

在这样一个反应系统中，定期补加催化剂的作业，宛如测定停留时间分布时脉冲加入的示踪剂。只要在反应系统出口处连续测定催化剂的流出量，就可以得到催化剂在反应系统中流动返混的停留时间分布曲线（RTD）。借助对 RTD 曲线的数学解析，建立催化剂在反应系统中流动返混的数学模型。用等体积多级串联全混釜模拟，就是一种方便的方法。

（2）数学模型

当反应系统等价于 N 个等体积串联釜时，其流出分率的计算式为（10.7）。式（10.7）与式（10.1）是等价的。

$$E(\theta) = \frac{N^N}{(N-1)!} \theta^{N-1} e^{-N\theta} \tag{10.7}$$

式中：θ 为无因次时间，$\theta = t/\bar{t}$。严格地说，由于返混的结果，每次加入的催化剂，只有在无限长的时间才能完全流出。第 k 次加入到第 $k+1$ 次加入催化剂的这段时间间隔内，尽管流出量总和等于第 k 次的加入量，但它却是第一次、第二次……直到第 k 次加入的催化剂在这一时间区间内流出量的加和。第 k 次加入的催化剂，在这一时间区间并未完全流出，还有一个尾巴延伸到 $k+1$ 次以后，直到无限长的时间才能流完。

从第一次加入到 θ 时间内，每隔 m 时间补加一次，则：

$$\theta = km + x, \ 0 \leq x < m \tag{10.8}$$

式中：k 是补加次数；x 是第 k 次加入后经过的时间，它是 θ 被 m 整除的余数。应当指出 x、m 和 θ 同是无因次时间。由于各次补加催化剂的流出分率互相叠加，则总流出分率 E 为：

$$\begin{aligned}
E &= \sum_{i=0}^{k} E(i) \\
&= E(\theta) + E(\theta - m) + E(\theta - 2m) + \cdots + E(x) \\
&= E(x) + E(x + m) + E(x + 2m) + \cdots + E(km + x) \\
&= \sum_{i=0}^{k} E(x + mk)
\end{aligned}$$

再经过简化得：

$$E = \sum_{i=0}^{k} \left(\frac{x + im}{x} \right)^{N-1} e^{-imN} \tag{10.9}$$

(3) 最佳补加周期

为了保持反应的稳定，工艺上必须要求反应系统内部催化剂浓度上下波动不得超过某一范围。在一个周期内取若干个等距离的点，用各点的流出分率 E 与其平均流出百分率的相对误差表示催化剂浓度起伏波动的情况。当然，诸等分点处的相对误差并不相同，相对误差最大的点的值用 y 表示，则：

$$\left| \frac{\bar{E} - E_i}{\bar{E}} \right| \leq y \qquad (10.10)$$

当一个周期内取 4 个等分点时：x 为 $1/4m$，$2/4m$，$3/4m$，m。

$$\bar{E} = \frac{1}{4} \sum_{i=1}^{4} E\left(\frac{im}{4}\right) \qquad (10.11)$$

工艺上对催化剂浓度起伏的要求，可以定量地用 y 值表示。满足指定 y 值的最大 m 值，就是最佳周期 m^*。

对于不同的 y，N，联立上面各式，在计算机上求解计算 m^*。计算结果指出，$k>10$ 以后，再增加 k 值对结果无影响。它的意义是，在催化剂补加 10 次之后，系统实际上已经稳定。所以，取 $k=10$，不同 y 值下，解出不同 N 值时的最佳补加周期 m^*（见表 10.2）。

表 10.2　最佳补加周期 m^* 与 N 和 y 的关系

$y/\%$	N						
	1	2	3	4	5	6	10
1	0.02	0.22	0.39	0.43	0.46	0.48	0.45
5	0.10	0.39	0.65	0.73	0.67	0.65	0.66
10	0.22	0.56	0.85	0.90	0.95	0.76	0.72
20	0.45	0.80	1.00	1.06	1.09	1.09	0.82

由表 10.2 可以看到，m^* 是 y 和 N 的函数。y 值一定，在 N 值不大时，m^* 随 N 的增加而增加；在 $N>6$ 以后，m^* 又随 N 的增大而减小。这个结果的意义是，当反应系统的流动返混状况等价于 3~6 个等体积串联釜时，允许补加催化剂的间隔时间最长。这个现象显然与不同 N 值的 RTD 曲线（图 10.4）的形状有关。

由图 10.4 多级串联全混流模型的停留时间分布密度函数可看出，随着 N 的增加，RTD 曲线高峰处扩展得越来越开。但随着 N 的增加，流型越来越趋近于活塞流，RTD 曲线扩展得又越来越小，无限多釜时，分批加入催化剂的作业不能实现。不同 N 的 RTD 曲线叠加后，N 为 3~6 时，m^* 值最大，允许补加催化剂间隔的时间最长。

显然，要求催化剂浓度波动范围 y 越小，就要求补加周期越短。但 m^* 最大值集中在 $N=3$~6 之间，这一点，则是共同的。

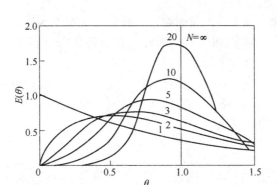

图 10.4　多级串联全混流模型的停留时间分布密度函数

应当说明，以上的讨论，都是在 y 值小于 20% 条件下，如果允许 y 值高达 50%，甚至 100%，m^* 最大值是否集中在 $N=3\sim6$ 的区域，就应另作别论了。因为不论 N 为何值，流出曲线的高峰都出现在无因次时间 1 之前。当无因次时间大于 1 时，反应系统内部催化剂浓度必然上下起伏很大，必须靠大量补加催化剂，才能维持最低催化剂浓度波动的要求，所以，在 $y>50\%$ 时，实际上不存在最佳周期。

在 $AlCl_3$ 法合成异丙苯生产过程中，苯与丙烯连续通入反应器，催化剂 $AlCl_3$ 分批加入，用上述导出的结果处理了改变 $AlCl_3$ 周期的实验数据，效果甚好(结果见 10.2 节)。

10.4　连串反应工艺条件最优化数学模型的建立

在正交设计一章中，我们曾经介绍了通过正交设计找出的初步规律，进一步建立了氯萘水解反应的动力学方程式的过程。这个动力学方程式，实际上就是间歇反应的数学模型。按照这个模型，可以在模型适用的范围内，对任意温度、摩尔比和反应时间的反应结果进行数学模拟计算，结合工程上必要留有的余地，确定最佳工艺操作条件。承担的这项任务第一步是在锌催化下萘氯化制 α-氯萘，现在介绍氯萘合成数学模型的建立和最佳工艺条件确定的过程。

小试结果指出，这个反应温度宜在 70 °C 左右进行。这是一个连串平行反应：

$$C_{10}H_8 + Cl_2 \longrightarrow C_{10}H_7Cl + HCl$$
$$C_{10}H_7Cl + Cl_2 \longrightarrow C_{10}H_6Cl_2 + HCl$$

反应过程中，随着萘转化程度增加，氯萘的含量增大，进一步转化为二氯萘的程度也将增大。二氯萘是不需要的副产物，它的增大将降低目的产物氯萘的收率。但若萘的转化率过小，大量的萘没有转化，增大了未反应萘回收的量，陡然增大了萘回收设备的体积和能耗。因此，萘的转化深度存在着一个最佳点的问题，这就要对反应动力学进行研究。

在反应过程中，氯和氯化氢都是气体，反应器中的液相组成可简化为萘、氯萘、二氯萘的三元均相体系。当氯通入的流速不变时，且两步反应对氯的反应级数相同时，此反应可简化为：

$$A \xrightarrow{k_1} R \xrightarrow{k_2} S$$

式中：A 代表反应物（萘），R 代表目的产物（氯萘），S 代表不希望得到的副产物。若两步反应都是一级，在反应开始时体系中 A 的浓度为 c_{A0}，在反应任一时间内 A 的浓度为 c_A，R 的浓度为 c_R，S 的浓度为 c_S，按照物料平衡：

$$c_A + c_R + c_S = c_{A0} \tag{10.12}$$

当反应开始时，体系内只有反应物萘存在，c_{A0} 可取为 1。

按照反应动力学式，消去时间后，在 $c_{A0} = 1$ 时，c_A 和 c_R 的关系时为：

$$c_R = \frac{1}{1 - K} \left[c_A^K - c_A \right] \tag{10.13}$$

式中：$K = k_2/k_1$，k_2 和 k_1 是两步反应的速率常数。

按照这个方程式，c_R 随 c_A 变化的曲线是峰形的，有一极大点。这个极大点可以由式（10.13）求导并令 $\dfrac{dc_R}{dc_A} = 0$ 得出。所得 c_R 为极大时 A 的浓度，用 c_A^* 表示：

$$c_A^* = K^{\frac{1}{1-K}} \tag{10.14}$$

随着反应程度的增加，c_A 自 1 不断降低，当 A 全部转化时，c_A 为 0。因此 c_A 就代表着反应物的转化深度，它与 A 的转化率 x 的关系为：

$$x = \frac{c_{A0} - c_A}{c_{A0}} = 1 - c_A \tag{10.15}$$

在一般反应工程专著中，把 c_R 浓度最大定为最佳点，c_A^* 即为 A 的最佳转化深度。

在中间试验中，反应在 $1m^3$ 的釜中进行，整理分析报表，自 c_A 和 c_R 的数据，由式（10.13）求出 $K = 0.313$。按照式（10.14）计算，$c_A^* = 0.095$。此时 $c_R = 0.736$，$c_S = 0.169$。这时，生成的二氯萘副产物占反应萘的总量为 $0.169/(1 - 0.095) = 18.17\%$，副产物量显然是太大了。

在生产过程中，反应釜后还有蒸脱釜进一步脱除氯化氢，再送入一号精馏塔，回收未反应的萘以循环使用，二号精馏塔蒸出氯萘，得到的精氯萘再送入水解工段。工业生产要求的是氯萘总得率最大。经过多次实践实验，发现若适当降低萘的转化深度，总收率可以提高。这样，自计算式（10.14）算得的最佳点并不是工艺操作的最佳点，需要对模型进行修改。为此将工艺流程加以简化，提出的物理简化模型如图 10.5 所示。

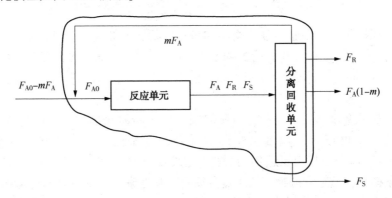

图 10.5 简化流程图

图 10.5 中反应单元包括反应器及其辅助设备，分离回收单元包括物流离开反应器后的蒸脱釜、精馏塔等。F_{A0}、F_A、F_R、F_S 为各自相应的摩尔流率，在分离回收单元中 A 不可无损耗地回收，其一次回收率定义为 m，其值在 0~1 之间。这样，体系中 R 的总收率 Y 为：

$$Y = \frac{F_R}{F_{A0} - mF_A} = \frac{F_R/F_{A0}}{1 - mF_A/F_{A0}} \quad (10.16)$$

由于对于给定体系中 m 是常数，R 收率最大可由下式算出：

$$\frac{\mathrm{d}Y}{\mathrm{d}(F_A/F_{A0})} = 0 \quad (10.17)$$

进而解出：

$$\left[m\frac{F_A}{F_{A0}} - 1 \right] \frac{\mathrm{d}(F_R/F_{A0})}{\mathrm{d}(F_A/F_{A0})} - m\frac{F_A}{F_{A0}} = 0 \quad (10.18)$$

由于物料流率是一定的，各组分流率也可用浓度代替：

$$\left(m\frac{c_A}{c_{A0}} - 1 \right) \frac{\mathrm{d}(c_R/c_{A0})}{\mathrm{d}(c_A/c_{A0})} - m\frac{c_R}{c_{A0}} = 0 \quad (10.19)$$

式中：$\dfrac{\mathrm{d}(c_R/c_{A0})}{\mathrm{d}(c_A/c_{A0})} = \dfrac{\mathrm{d}c_R}{\mathrm{d}c_A}$ 可以自式（10.13）求导得出。将求导结果代入式（10.19），得：

$$m(1 - k)\left(\frac{c_A^*}{c_{A0}} \right)^K + K\left(\frac{c_A^*}{c_{A0}} \right)^{K-1} - 1 = 0 \quad (10.20)$$

经过对分离回收单元反复查定，得出 $m = 0.90$。将 $m = 0.90$ 和 $K = 0.131$ 代入式（10.20），求出 $c_A^* = 0.37$。再由式（10.13）和式（10.12）求出，$c_R = 0.59$，$c_S =$

0.047。这时，二氯萘的生成量只占反应萘的 7.4%，总收率 Y 大有提高：

$$Y = \frac{c_R/c_{A0}}{1 - mc_A/c_{A0}} = \frac{0.59}{1 - 0.9 \times 0.37} = 88.4\%$$

在实际操作中，用通入氯的物质的量比作为控制指标。生成 1mol 氯萘消耗 1mol 氯，生成 1mol 二氯萘消耗 2mol 氯。当 $c_{A0} = 1$ 时，通入氯的量为：0.59+2× 0.047 = 0.684mol，采用这个控制指标，先后生产 10 釜，达到预期要求，通过了鉴定。

从数学模型建立的角度看，当我们把一个车间内众多的设备简化为图 10.5 的物理模型，再结合反应动力学的规律建立起描述这个体系的数学模型式 (10.20)，就能从中找出了适用的最佳工艺条件。式(10.14)也是一个寻找最佳点的数学模型，但是它的物理模型过分简化，只考察一个反应器的优化，不观察分离单元对优化结果的影响，简化到了失真的程度，所以对工业实际是不适用的。实际上若 $m = 0$，式(10.20)就简化为式(10.14)，它只是未反应的反应物完全不回收时的数学模型。

在完成这项工作之后，我们又进一步观察了许多工业上的连串反应工艺，发现与氯萘都有类似情况。苯氯化用反应工程书中给出的式子，与工业实际操作控制指标相差甚远。于是将这一模型作了进一步详细推导，写成论文发表在美国出版的 IEC(1987) 杂志上。著名反应工程专家 Levcmspiel 看到这篇论文后，为式 (10.20)作了算图，以推广使用，论文也发表在 IEC(1988) 杂志上。此后，我们对连串反应优化作了全面详细的研究，整理为《反应过程工艺条件优化——连串反应最佳工艺条件确定》专著[33]。

第11章 模型判别与序贯实验设计

在第 10 章我们讨论了数学模型建立的基本原则和思路。在实际建模过程中，通过对研究对象的物理或化学过程实质的剖析，常会提出两种甚至多种模型，有待我们用实验判别其中哪一种是最适宜的。摆在我们面前有待筛选的这些模型，称为竞争模型。怎样自几个竞争模型中用最少的实验次数筛选判别出最适宜的模型，以使效率最高，是本章要讨论的内容。这是上一章讨论数学模型建立的延伸，是数学模型建立时的一种操作方法，也是实验设计中遇到的一类问题。

11.1 散度

按照通常的研究方法是，在实验范围内均匀分布，称为"格删"取点。像我们在第 10 章中讲到的 $AlCl_3$ 停留时间分布测定就是一个例子。在该例中，每隔 1h 取样分析一次，最后将数据拟合，得出待定的参数。在所取的 9 组实验值中，对于模型判别哪一个是重要的，哪一个是不重要的，事前并未进行分析讨论。如果实验比较容易进行，可以连续取点，这样的方法也是可行的。如果每次实验都很耗时，甚至要单独进行，这样的研究方法就花工夫太大，效率不高。事实上，不同的实验点位置对于模型判别给出的信息量不是等同的。如果在信息量最大处取点，必能减少实验次数，提高实验效率。

实验点位置在模型筛选中的重要性，可以从下面的例子清楚地表明。

例如两个竞争模型，一个是通过原点的线性方程，一个是不通过原点的线性方程，如图 11.1 所示。

$$y = bx \tag{11.1}$$
$$y = a + bx \tag{11.2}$$

若在 x_2 处做实验，就不能给出有效的信息，若在 x_1、x_3 处做实验，就能给出有效的信息。

再如某一连串反应，存在着两种可能的机理，即两个模型，如图 11.2 所示。

$$A \longrightarrow B \longrightarrow C \qquad (\text{I})$$

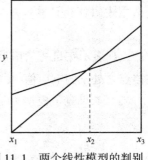

图 11.1 两个线性模型的判别

$$A \longrightarrow B \Longrightarrow C \qquad (\text{II})$$

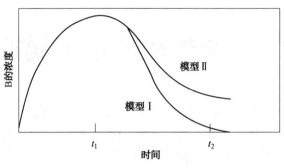

图 11.2　两个连串反应机理模型判别

两个机理中，B 的浓度都是先升高后降低。如果模型 I 有效，则在足够长的时间内，B 的浓度实际上将下降到零，如果模型 II 有效，则无论多长时间，总有一个 B 的平衡浓度存在。因此，如果在某个较长时间 t_2 处进行实验，就可以给出有价值的结果。相反，如果在较短的时间进行实验，如 t_1 处，就不会给出任何有价值的信息。

这两个例子可以说明，实验点位置的选择是重要的。如果实验点位置取得不好，即使实验数据再多，数据再精确，也无法达到预期的实验目的。实验设计得不好，试图靠精细的实验技巧或高级的数据处理等方法加以弥补，是得不偿失甚至是不可能的。相反，选择适当的实验点位置，即使实验数据稍微粗糙一些，数据少一些，也能达到实验目的。所以，实验点(即数据点)的位置与实验点的数目和实验数据的精确性相比较更为重要。

在进行模型判别实验之前，人们总是先占有一定量的信息，用竞争模型对这些信息进行处理，找给出信息量最大的实验点位置，然后在这个位置上做实验必能使模型判别效率大大提高。什么位置上给出模型判别的信息量最大？1965 年 Hunter 和 Reiner 提出了散度法。其处理方法是：

(1) 如果只有两个竞争模型，在同一自变量各点处对应的相应值的差别即散度，用式(11.3)计算：

$$D_i = \left[\, \hat{y}_i^{(2)} - \hat{y}_i^{(1)} \,\right]^2 \qquad (11.3)$$

式中，D_i 表示在自变量格点 i 处的散度；$\hat{y}_i^{(1)}$ 表示按照预试验的信息，推算模型 I 在格点之处 y 的响应值，$\hat{y}_i^{(2)}$ 表示在格点之处推算的模型 II 的响应值。

(2) 如果竞争模型不是两个而是多个，则散度 D_i 的计算式为：

$$D_i = \sum_{k=1}^{m} \sum_{l=k+1}^{m} \left[\, y_i^{(k)} - y_i^{(l)} \,\right]^2 \qquad (11.4)$$

式中，k 和 l 为模型的编号，双重加号($\sum\sum$)保证每个模型依次作为基准。

下面，让我们通过一个示意性的实例，熟悉用散度设计实验进行模型判别的方法。

11.2　停留时间分布的模型判别实验设计

液体流动中的返混情况，可以用多级等体积串联釜模型表示。描述停留时间分布（RTD）曲线的通式是：

$$E(t) = \frac{1}{\bar{t}} \times \frac{N}{(N-1)!} (Nt/\bar{t})^{N-1} \exp(-Nt/\bar{t}) \tag{11.5}$$

当 $N=1$ 时：

$$E(t) = \frac{1}{\bar{t}} \exp\left(-\frac{t}{\bar{t}}\right) \tag{11.6}$$

当 $N=2$ 时：

$$E(t) = 4 \cdot \frac{t}{\bar{t}^2} \cdot \exp\left(-2 \cdot \frac{t}{\bar{t}}\right) \tag{11.7}$$

当 $N=3$ 时：

$$E(t) = \frac{3}{2} \times 3 \frac{t^2}{\bar{t}^3} \exp\left(-3 \frac{t}{\bar{t}}\right) \tag{11.8}$$

当 $N=4$ 时：

$$E(t) = \frac{1}{\bar{t}} \times \frac{4}{3 \times 2} \left(4 \frac{t}{\bar{t}}\right)^3 \exp\left(-4 \frac{t}{\bar{t}}\right) \tag{11.9}$$

当我们用 RTD 曲线拟合实验数据时，实际上就是要确定流体流动系统响应的等体积串联釜数 N，进而求出平均停留时间，建立数学模型。若在 $N=1\sim4$ 的范围内选择，摆在我们面前的四个方程组式（11.6）~式（11.9）就是 4 个竞争的模型。

例 11.1　仍以第 10 章讨论的 $AlCl_3$ 在异丙苯反应系统中 RTD 曲线拟合为例，讨论散度的应用。按工厂惯例，在正常生产时，加入 $AlCl_3$ 后每隔 1h，分析一次出口液中的 $AlCl_3$ 浓度，已知 $E(t) = 0.125$，试用 $N=1$，2，3，4 为竞争模型，确定下一步最佳实验点应选择的位置。

解：将 $t=1$ 时的 $E(t)$ 值分别代入上述 4 个方程式，由此解出相应的平均停留时间：

$N=1$ 时，$\bar{t}_1 = 6.924(h)$

$N=2$ 时，$\bar{t}_2 = 4.538(h)$

$N = 3$ 时，$\overline{t}_3 = 3.610(h)$

$N = 4$ 时，$\overline{t}_4 = 3.119(h)$

再由 N 和 t 值，分别计算 t 为 2~8 时的 $E(t)$ 值。用 A，B，C，E 依次分别表示式(11.6)~式(11.9)计算的结果。

表 11.1　停留时间分布的散度计算 $E(t)$

t/h	2	3	4	5	6	7	8
$N=1$ (A)	0.108	0.094	0.081	0.070	0.061	0.053	0.046
$N=2$ (B)	0.161	0.151	0.133	0.107	0.083	0.062	0.046
$N=3$ (C)	0.218	0.213	0.165	0.112	0.071	0.042	0.024
$N=4$ (E)	0.277	0.260	0.171	0.093	0.044	0.020	0.008
$D\times10^3(N=1\sim4)$	63.52	62.46	20.43	4.23	3.18	4.04	4.01
$D\times10^3(N=2\sim4)$	20.39	16.42	2.46	0.65	2.32	2.73	2.15

按照散度的计算公式(11.4)，若取竞争模型为：$N=1\sim4$，则：

$$D = (A-B)^2 + (A-C)^2 + (A-E)^2 + (B-C)^2 + (B-E)^2 + (C-E)^2$$

$$(11.10)$$

算得的散度值列在表(11.1)中。由此可见，散度最大的位置在 $t=2$ 处，重点做好这组数据，就可以初步判别釜数的值，从而决定待选的模型。由这组数据还可以看到，为了作出完整的 RTD 曲线，可以每隔 1h 测定一次流出液中 $AlCl_3$ 的浓度，进而得出相应的 $E(t)$ 值。但是，这 7 组数据(t 为 2~8)对模型判别的贡献是不等价的，$t=2$ 时的测定结果，最为重要。

若取竞争模型为 N 为 2~4，则散度的计算式为：

$$D = (B-C)^2 + (B-E)^2 + (C-E)^2 \qquad (11.11)$$

算得的散度值也列在表 11.1 中，散度最大的值在 $t=2(h)$ 处。结果与 N 为 1~4 的要求一致。

实际测定结果是：$t=2$ 时，$E(t) = 0.215$。因此，可以初步判定，此系统的相当的釜数为 $N=3$。即式(11.8)是我们待选的数学模型。实际实验是每隔 1h 取一个点，通过散度的计算，我们知道，$t=2h$ 这个点对模型判别最为重要，就应该在 $t=2h$ 取样分析时特别精心，要求尽可能更为准确。如果这是一个很难进行的实验，只做 $t=1$，2，3，4 几个点，就可以决定模型了。

11.3　用散度法设计动力学实验的实例

例 11.2　某一化学反应：　　　　　$A + D \longrightarrow E$

按照不同的反应机理，可以推出 3 个不同的反应级数，$n = 1$，1.5 或 2，这就是 3 个竞争模型。动力学方程式是：

$$-\frac{\mathrm{d}c_A}{\mathrm{d}t} = kc_A \tag{11.12}$$

在起始浓度 $c_{A0} = 0.3335\text{mol/L}$ 的条件下，进行一次实验，测得反应时间 t 为 2.25min 时，A 的浓度 c_A 降为 0.2965mol/L。试用散度法设计下一个实验点的位置。

解：将动力学方程式在值不同的情况下进行积分：

$n = 1$

$$\frac{c_A}{c_{A0}} = \exp(-k_1 t) \tag{11.13}$$

$n = 1.5$

$$\frac{c_A}{c_{A0}} = (1 + 0.5 c_{A0}^{0.5} k_{1.5} t)^{-\frac{1}{0.5}} \tag{11.14}$$

$n = 2$

$$\frac{c_A}{c_{A0}} = (1 + c_{A0} k_2 t)^{-1} \tag{11.15}$$

由预实验 $c_A = 0.2965$，$t = 2.25\text{min}$ 及 c_{A0} 值，算出：$k_1 = 0.05226$，$k_{1.5} = 0.09322$，$k_2 = 0.1663$。然后，再由不同的 k 值推算出不同反应时间下 A 组分的浓度 (c_A)，即响应值，如表 11.2 所示。

表 11.2　动力学散度计算结果　　　　（单位：$c_A \times 100$）

t/min	4	8	12	16	20	30	40	47	50	60	70
$n = 1$	27.06	21.95	17.81	14.45	11.72	6.59	4.12	2.86	2.44	0.86	0.86
$n = 1.5$	27.18	22.58	19.05	16.29	14.09	10.20	7.23	6.50	6.06	4.01	4.01
$n = 2$	27.29	23.10	29.02	17.67	15.81	12.52	10.36	9.24	8.84	6.81	6.83
$D \times 10^4$	0.08	1.99	7.36	15.66	25.30	46.97	58.89	61.46	61.79	58.96	53.52

这是 3 个竞争模型的鉴别，散度 D 的计算式是：

$$D_i = (c_{A_i}^1 - c_{A_i}^{1.5})^2 + (c_{A_i}^1 - c_{A_i}^2)^2 + (c_{A_i}^{1.5} - c_{A_i}^2)^2 \tag{11.16}$$

例如，$t = 4$，

$$D = [(27.06 - 27.18)^2 + (27.06 - 27.29)^2 + (27.18 - 27.29)^2] \times 10^4 = 0.08 \tag{11.17}$$

依次算得的散度 D 值列在表 11.2 中最后一行。

从散度计算的结果可以看出，随时间延长，散度逐渐增大，到 $t = 50\text{min}$ 之后，散度又逐渐减小。因此，在本列的情况下，下一个实验点宜于在散度最大的位置 47~50min 附近进行实验。

在同样的起始浓度 $c_{A0} = 0.3335$ 和相同的条件下，在 47min 时取一组实验结果，得 $c_A = 0.0678$。与预计的值（$n = 1$ 时，$c_{A0} = 0.0286$；$n = 1.5$ 时，$c_A = 0.0650$；$n = 2$ 时，$c_A = 0.0924$）相比，明显可以判别出 $n = 1.5$。由此可以大致判定这是一个 1.5 级的反应。

散度值的大小并不是固定的，它与我们选取的基准点有关。在本例的动力学模型判别中，若第 1 次实验不是在 $t = 2.25$min 进行，而是在其他时间测定了浓度，散度计算的结果就不一样了。如果基准点是 47min，这时测得的浓度 $c_A = 0.0678$，由此算出相应的速度常数值是：

$$k_1 = 3.39 \times 10^{-2}, \quad k_{1.5} = 8.97 \times 10^{-2}$$

由此算出不同反应时间的浓度，见表 11.3。

表 11.3　以 $t = 47$min 时的结果的动力学散度计算结果

（单位：$c_A \times 100$）

t/min	4	8	12	16	20	30	40	50	60	70
$n = 1$	29.12	25.43	22.20	19.39	16.93	12.06	8.59	6.12	4.36	3.11
$n = 1.5$	30.15	22.88	19.41	16.67	14.47	10.56	8.05	6.37	5.11	4.21
$n = 2$	28.58	20.00	16.67	14.29	12.50	9.53	7.69	6.45	5.56	4.88
$D \times 10^5$	38.17	442.8	458.7	390.7	295.6	97.20	12.30	1.67	22.05	47.92

由散度值看出，实验点最好在 $t = 12$min 时进行，这时的实测结果 $c_A = 0.1910$。仍然可以看出，反应级数应取 $n = 1.5$。

11.4　模型判定

从前面的 2 个例子可以看到，在散度最大的位置做实验，用实验结果和推算结果相比较，对模型判别有很高的效率。但是这些判别仍是定性的，人们总希望有一个定量的判别方法。使用比较方便的定量判别方法是用似然比（ρ）判定的方法。后验概率的处理方法将在下一节介绍。

似然比 ρ 的计算式是：

$$\rho = \left[\frac{\sum_{i=1}^{M} (y_i - \hat{y}_i^{(2)})^2}{\sum_{i=1}^{M} (y_i - \hat{y}_i^{(1)})^2} \right]^{\frac{M}{2}} \tag{11.18}$$

式中，$\hat{y}_i^{(1)}$ 和 $\hat{y}_i^{(2)}$ 分别是自模型（1）和模型（2）得到的计算值，y_i 是实验值，M 是实验点数。

模型(1)的检验水平用 α 表示，模型(2)的检验水平用 β 表示，在一般情况下取 $\alpha = \beta = 0.05$，若

$$\rho > \frac{1 - \beta}{\alpha} = \frac{1 - 0.05}{0.05} = 19$$

有95%的把握接受模型(1)。

若

$$\rho < \frac{\beta}{1 - \alpha} = \frac{0.05}{1 - 0.05} = 0.05$$

有95%的把握接受模型(2)。如果要求更高些，取 $\alpha = \beta = 0.01$，则 $\rho > 99\%$ 时，有99%的把握接受模型(1)。

以 11.3 节中动力学实验结果为例。预实验在 $t = 2.25\text{min}$ 时，$c_A = 0.2965\text{mol/L}$。按照散度计算，第一个实验点位置在 $t = 47\text{min}$ 处进行，得 $c_A = 0.0678$。

这时 $c_{A\text{计}}^{(1)} = 0.0286\text{mol/L}$；$c_{A\text{计}}^{(1.5)} = 0.0650\text{mol/L}$；$c_{A\text{计}}^{(2)} = 0.0924\text{mol/L}$，由此计算得似然比(只有一个实验点)：

$$\rho_{(1-1.5)} = \left(\frac{(0.0678 - 0.0268)^2}{(0.0678 - 0.0650)^2} \right)^{\frac{1}{2}} = 14.68$$

$$\rho_{(2-1.5)} = \left(\frac{(0.0678 - 0.0924)^2}{(0.0678 - 0.0650)^2} \right)^{\frac{1}{2}} = 8.81$$

虽然定性上看，模型 $n = 1.5$ 占有极大优势，但从定量上看，都没有超过 19 或 99，宜于再作一个实验点。这时，按 $t = 47\text{min}$ 的结果，再作散度计算，得出第二个实验点应在 $t = 12\text{min}$ 处进行，实验结果是 $c_A = 0.1910\text{mol/L}$，计算结果见表 11.3。再算似然比：

$$\rho_{(1-1.5)} = \left(\frac{(0.0678 - 0.0268)^2 + (0.1910 - 0.2220)^2}{(0.0678 - 0.0650)^2 + (0.1910 - 0.1941)^2} \right)^{\frac{2}{2}} = 151.84$$

$$\rho_{(2-1.5)} = 68.69$$

由此，有99%的把握说，$n = 1$ 的模型应予淘汰。有95%的把握说，$n = 2$ 的模型应予淘汰。为了严格要求，再以 $t = 12\text{min}$ 的结果推算 $n = 1.5$ 和 $n = 2.0$ 两个模型判别的散度，由 $k_{1.5} = 0.09275$ 和 $k_2 = 0.1864$ 推算出。

表 11.4　以 $t = 12\text{min}$ 时数据为准的散度($t > 50\text{min}$ 部分)

t/min	50	60	63	70	80	90
$D \times 10^5$	40.80	45.80	46.66	47.96	48.53	48.06

散度最大的位置在 $t = 80\text{min}$ 附近。$t > 50\text{min}$ 的散度列在表 11.4 中。但事实上，$t = 60\text{min}$ 以后，散度增加已不明显，根据实验情况，选定第三个实验点在 $t =$

63min 处。实验结果，$c_A = 0.0482$，这时计算值为 $c_A^{(1.5)} = 0.0462$；$c_A^{(2)} = 0.0678 mol/L$。最后，再次计算似然比：

$$\rho_{(2-1.5)} = \left(\frac{6.052 + 5.90 + (0.0678 - 0.0482)^2}{0.078 + 0.096 + (0.0462 - 0.0482)^2} \right)^{\frac{3}{2}} = 633.8$$

这时，我们已有足够的把握说，$n = 2$ 的模型也应淘汰，这个反应是 1.5 级。

11.5 实验熵与后验概率

以上所有的讨论，都未考虑实验中的随机误差。由于误差的影响，实际上每个实验点都有一个置信区间。这样，本来可以有区别的实验结果，由于误差的影响，散度差别的清晰度被模糊了。因此，严格的模型判别实验设计，应该考虑实验的随机误差。这就是说，鉴别两个模型所应选取的实验点位置，不仅与两个模型本身的散度有关，而且还与误差范围密切相关。

实验设计的基本原则是，下一个实验点应该在获取信息量最大的位置处进行。获取信息量的大小，也就是减少不确定性的程度的大小。用实验熵值 H 定量描述不确定性的程度。实验熵 H 的计算式如下：

$$H = - \sum_{r=1}^{m} P_r \ln P_r \tag{11.19}$$

这里 P_r 是模型 r 的正确概率。信息量大时，模型的不确定性减小。当模型 r 唯一正确时，$P_r = 1$，$H = 0$。当几个模型同时正确，无法肯定时，熵值最大。

例如，在初始时，有 4 个竞争模型，它们的正确性竞争概率相等：

$$P_1 = P_2 = P_3 = P_4 = 1/4$$

$$H = - \left[\frac{1}{4}\ln\frac{1}{4} + \frac{1}{4}\ln\frac{1}{4} + \frac{1}{4}\ln\frac{1}{4} + \frac{1}{4}\ln\frac{1}{4} \right] = 1.386$$

经过若干次实验以后，模型的概率已经很不相同，如：

$$P_1 = \frac{1}{100}, \quad P_2 = \frac{1}{100}, \quad P_3 = \frac{97}{100}, \quad P_4 = \frac{1}{100}$$

则：$H = -[0.01\ln 0.01 + 0.01\ln 0.01 + 0.97\ln 0.97 + 0.01\ln 0.01] = 0.168$

这时，信息量的总增加值为：

$$H_1 - H_2 = 1.386 - 0.168 = 1.218$$

P_r 的计算式是：

$$P_r^{(M+1)} = \frac{P_r^{(M)} P_r(y^{(M+1)})}{\sum\limits_{r=1}^{m} P_r^{(M)} P_r(y^{(M+1)})} \qquad r = 1, 2, \cdots, m \tag{11.20}$$

当 $P_r^{(M+1)}$ 小于 0.1 时，该模型可以被淘汰。

$P_r^{(M)}$ 是经过 M 次实验后，诸模型正确性的概率，$P_1^{(M)}$，$P_2^{(M)}$，$P_3^{(M)} \cdots P_m^{(M)}$，相对于下次来讲，是先验概率。进行了 $M+1$ 次实验后，观测值为 $y^{(M+1)}$，它的误差服从平均值为 0、方差为 σ^2 的正态分布。由于实验的不确定性，y_r 与真值 $y_r{}'$ 也存在着误差，其方差为 σ_r^2。若 σ^2 与 σ_r^2 相互独立，两个原因引起的 y 与 $y^{(M+1)}$ 之间的误差应服从 $\sigma^2 + \sigma_r^2$ 的正态分布。在 $M+1$ 次观测后，观测值是 $y^{(M+1)}$，第 r 个模型概率密度可以表示如下：

$$P_r^{(M+1)} = \frac{1}{\sqrt{2\pi(\sigma^2 + \sigma_r{}^2)}} \exp\left[-\frac{1}{2} \frac{(y^{(M+1)} - \hat{y}^{(M+1)})}{\sigma^2 + \sigma_r{}^2}\right] \qquad (11.21)$$

为了用式(11.21)进行计算，实验进行时，必须选一个有代表性的点，进行重复实验，求出 σ^2 值。

Box 和 hill 根据实验前后期望熵值变化最大的原则，得到第 $M+1$ 次实验的设计判别式：

$$I = \frac{1}{2} \sum_{r=1}^{m} \sum_{s=r+1}^{m} P_r{}^{(M)} P_s{}^{(M)} \left\{ \frac{(\sigma_r{}^2 - \sigma_s{}^2)^2}{(\sigma^2 + \sigma_r{}^2)(\sigma^2 + \sigma_s^2)} + \right.$$
$$\left. [\hat{y}_r(x) - \hat{y}_s(x)]^2 \left(\frac{1}{\sigma^2 + \sigma_r{}^2} + \frac{1}{\sigma^2 + \sigma_s{}^2}\right) \right\} \qquad (11.22)$$

式中：$P_r^{(M)}$、$P_s^{(M)}$、σ^2 的意义及求法均已介绍，$[y_r(x) - y_s(x)]^2$ 项可以根据参数的先验值进行推算。σ_r^2 及 σ_s^2 也可由实验结果进行计算。于是 I 函数可以推算出来，它是实验变量 x 的函数。求 I 的最大处的 x 值，就是下一次模型判别的最佳实验点位置。

此式在计算过程中相当复杂，若 $y_r(x)$ 与 $y_s(x)$ 相差较大，σ_r^2、σ_s^2 又很小，且各次实验方差相同时，则可以简化为：

$$I = \sum_{r=1}^{m} \sum_{s=r+1}^{m} P_r{}^{(M)} P_s{}^{(M)} [\hat{y}_r(x) - \hat{y}_s(x)]^2 \qquad (11.23)$$

有时，人们采用更简化的方法，略去 P_r 和 P_s 的影响，这时，I 函数就和散度 D 相同：

$$I = D = \sum_{r=1}^{m} \sum_{s=r+1}^{m} [\hat{y}_r{}^{(M+1)} - \hat{y}_s{}^{(M+1)}]^2$$

式(11.23)简化为式(11.4)。

11.6　序贯实验设计

用散度法进行实验设计，给我们提出了一个新的实验设计原则，就是下一个实验点的位置应该安排在此刻获取信息量最大的位置处进行。由此提出了序贯的实验设计方法。其基本思路是：先做预实验，对研究对象获取一定的信息。例如：单因素优选，多因素正交实验设计都相当于预实验，在这些信息的基础上，根据已有的信息和模型，从中找出下一个实验点的最佳位置。做完实验后，如果不能满意再把新的结果与原来占有的信息一齐，进一步确定再下一个实验点的位置。直到满意为止。序贯实验设计的特点是，在实验过程中信息不断进行反馈和交流，使下一个实验点安排在此刻最优的条件下进行。散度法就是序贯实验设计的一种方法，但不是唯一的方法。下一章要讲的置信域最小为原则的统计实验设计，是从另一个角度进行序贯实验设计的方法。

这样，进行序贯实验设计时，每获取一个实验结果，就要进行一定的有时是复杂的数学计算，才能确定下一个实验点的位置以使实验序贯的进行。可以认为，序贯实验研究一半是在实验室中进行，另一半是在计算机上进行的。它把数学模拟和实验验证有机地结合起来了。

第 12 章　置信域与统计的实验设计

经过散度计算和相应的实验之后，模型已经判定。下一步的问题是，如果这个模型正确，怎样准确精估模型中的参数。在本章里，我们只讨论具有两个参数模型中参数的精确估计和为精确求取这两个参数进行实验设计的方法。

参数是通过实验观测值的测定求得的，而实验测定量是随机变量，因而由随机变量求得的参数也是一个随机变量。如果用一个确定的点估计值来描述参数是不够的，还要大致估计一下这些参数估计值的精确性和可靠性。

12.1　联合置信域

由第 1 章和第 2 章我们知道，要完全了解一个随机变量，必须掌握它的分布，它可以描述随机变量变化的规律。通常，我们所遇到的观测值误差分布或参数误差分布一般都服从正态分布。

对于一维参数，用置信区间表示估计结果的精确性。假如用 $\hat{k}$ 作为未知参数真值 k^* 的估计值，则误差不超过某一正数 Δk 的概率为 α，α 为置信水平，区间 $(\hat{k}-\Delta k,\ \hat{k}+\Delta k)$ 为置信区间。置信区间的大小与标准差 σ_k 和置信水平 α 有关。

置信概率为 95% 时，$\hat{k}-1.96\sigma_k \leqslant k^* \leqslant \hat{k}+1.96\sigma_k$；

置信概率为 90% 时，$\hat{k}-1.64\sigma_k \leqslant k^* \leqslant \hat{k}+1.64\sigma_k$。

显然，区间 $(\hat{k}-1.96\sigma_k,\ \hat{k}+1.96\sigma_k)$ 的长度越小越好，也即参数的标准差 σ_k 越小表示估计值 $\hat{k}$ 越精确。这是一维的情况，置信区间的大小，可在概率分布图上用线段来表示，如图 12.1 所示。

对于二维的情况，则可在 $k_1 - k_2$ 平面上用等值线内的区域表示 k_1，k_2 的真值，落在这一区域内就有 95% 的可靠性。等值线区域称为 k_1，k_2 联合置信区域。单独参数估计值的置信区域与联合置信区域的关系如图 12.2 所示。

参数 k_1 和 k_2 各自单独分布在轴 k_1 和轴 k_2 上。若对于每一个置信区间来说，$k_1 = 1.0$ 被认为是在 95% 置信概率下可被接受的，而 $k_2 = 1.5$ 也被认为是在 95% 置信概率下可被接受的，对于 $k_1 = 1.0$，$k_2 = 1.5$ 这两个数所对应的点却是落在 95% 联合置信区域外面，如图 12.2 所示。这是因为参数间相关的缘故，即当 k_1 取得

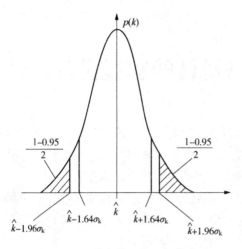

图 12.1　一维参数置信区间的表示

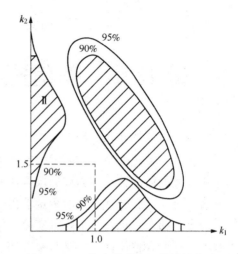

图 12.2　二维参数联合置信域的表示

某一值后，k_2 因受到 k_1 的约束而不能任意取值。当参数之间高度相关时，联合置信域是一个狭长的歪斜带状。如果不相关，则单独参数估计值的置信区域就可提供一个粗略的椭圆形的联合置信区域。这是二维情况用 α 等值面所表示的联合置信区域，等值面的大小反映了联合置信区域的大小，同样，面积越小，参数越集中，表示越精确，而它的形状反映了参数的相关性。同理，对三维参数联合置信区域，可用体积表示，它的形状反映了参数之间的相关性。对 p 维参数来说，其置信区域则是我们的形象思维之外的一个超体积。

对于一维参数来说，置信区间越小，参数越精确；对二维参数来说，就是二参数的联合置信域越小，参数越精确。下面首先介绍一下联合置信域的求取，然后介绍以置信域容积为最小为设计原则的序贯实验设计。

12.2　联合置信域的计算方法

本节以 BOD 实验为例说明联合置信域的计算方法。

BOD 是生化需氧量的简写，它是环境保护中测定的一个数据。BOD 指的是在有氧条件下微生物分解水样中有机物质的生物化学过程需要的氧量。微生物分解有机物需要一定的时间，且分解速度随温度而异。目前普遍采用 20℃有充分氧存在时，水样培养 5 天所需的氧作为指标，即 5 日生化需氧量（BOD_5），以 O_2（mg/L）表示。

通常，生化需氧量（BOD）用一级反应动力学表示：

$$y = L_a \left[1 - \exp(-kt) \right] \tag{12.1}$$

式中　y——BOD 读数，mg/L；

　　L_a——最终 BOD，mg/L；

　　k——反应速度常数，d^{-1}；

　　t——时间，d。

若将式(12.1)微分，可得：

$$-\frac{d(L_a - y)}{dt} = k(L_a - y) \tag{12.2}$$

与化学上常用的一级反应动力学相比，$L_a - y$ 相当于浓度 c。

要想准确地给出 BOD 试验结果，从实验数据找出 L_a 和 k 两个常数，显然要比只给出 BOD_5 全面得多。为此，某一单位曾对一特定的试验对象，进行了共 20 天 59 次实验观测（如图 12.3），然后用最优化法解出参数值。

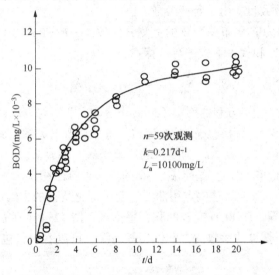

图 12.3　59 次观测和 20 天 BOD 实例

用最小二乘法求取模型中的参数，在量度计算结果和观测结果相吻合的好坏时，最常使用的量是方和 S，实际上就是第 3 章中使用的残差平方和。

$$S = \sum_{i=1}^{n} (y_i - y_{cal, i})^2 \tag{12.3}$$

式中　y_i——第 i 次实验的观测值；

　　$y_{cal,i}$——第 i 次实验的模型计算值；

　　n——总的观测次数。

对于 BOD 问题，k 和 L_a 的最小二乘估算值是使下列方和 S 极小的 k 和 L_a 值。

$$S = \sum_{i=1}^{n} \{y_i - L_a[1 - \exp(-kt_i)]\}^2 \tag{12.4}$$

用第 6 章中已经讲过的黄金分割法进行两参数优化估值,使方和 S 最小时得到模型参数 $k = 0.22 \mathrm{d}^{-1}$ 和 $L_a = 10100 \mathrm{mg/L}$。

对于两参数模型 $y = f(k_1, k_2, x)$ 用优化方法自实验结果得到模型参数 k_1^*,k_2^* 之后,计算置信域的步骤是:

(1) 将用优化方法得到的模型参数 k_1^*,k_2^* 代入下式算出最小方和 S^*:

$$S = \sum_{i=1}^{n} (y_i - y_{\mathrm{cal}, i})^2 = \sum_{i=1}^{n} [y_i - f(k_1, k_2, x_i)]^2 \tag{12.5}$$

(2) 根据下式计算临界方和 S_c:

$$S_c = S^* + \frac{S^*}{n-p} \cdot p \cdot F_\alpha(p, n-p) \tag{12.6}$$

式中 n——实验点数;

p——参数数目,由于是两参数,$p=2$。

$F_\alpha(p, p-2)$ 为 F 分布关于 α 的上侧分位数,一般取 $\alpha = 0.05$。

(3) 将临界方和代入下式进行计算:

$$S_c = \sum_{i=1}^{n} [y_i - f(k_1, k_2, x_i)]^2 \tag{12.7}$$

此方程可绘出一个方和曲面。不同 α 下 $S = S_c$ 平面与方和曲面的交线即是置信域。例 $\alpha = 0.05$ 时,得到 95% 的置信域。置信域既是方和曲面的等高线。

式(12.7)可看作以 k_1,k_2 为变量的二元函数,即 $f(k_1, k_2) = c$,给定一个 k_1 值,可计算出相应的 k_2 值。给定 k_1 一系列值,可算出相应 k_2 一系列值,因此可得一系列点 (k_{1i}, k_{2i}),将这些点用曲线连起来即是所得的置信域。

根据以上步骤绘制 BOD 实验的联合置信域。图 12.4 中在 k 和 L_a 空间内绘出了用图 12.3 数据估算的参数的方和曲面等高线。可以看出,包括所有 59 次观测

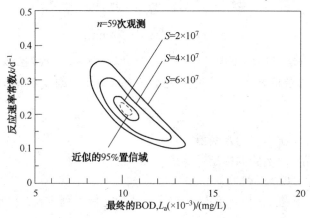

图 12.4　50 次观测和 20 天 BOD 实例的近似 95% 置信域

的实验给出精确的参数估算值。由此图可以看出，所取的 α 不同，则 S_c 不同，置信域的面积也不相同。其中 $\alpha=0.05$ 的置信域在内圈中的置信域是小的，形状好。实验者可有接近95%的把握指出，k 和 L_a 的真值在此域内。

12.3　不同试验设计结果的置信域分析

BOD 试验一般以 5 天所需含氧量为指标。能否是在前 5 天内做试验省去后面的工作呢？为此提出第一个试验方案。查图 12.5 的结果，5 天和 5 天前共有 30 个试验点，一般来说，这是一个大样本。把 5 天的结果整理并作线性化法数据处理，不同的人有不同的结果。一组结果是 $k=0.13$，$L_a=15000$；另一组结果是 $k=0.30$，$L_a=8000$。两组的两个参数几乎差 1 倍。

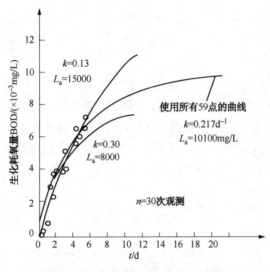

图 12.5　30 次观测、5 天 BOD 实例

为了核对，再将前 5 天 30 个点的结果进行认真的优化处理，得到 $k=0.19$，$L_a=11440$。作置信域图，发现相互差别很大的两组参数，都落在置信域之中，只是部位不同而已。结果见图 12.6。置信域图形告诉我们，两组相互很不相同的结果在同一置信域中，因而是相容的。不相同不一定是不相容。这是一个重要的概念。

从置信域看到，两个参数的置信区间都很宽，最大值分别都是其最小值的 3 倍以上，而且 L_a 和 k 高度相关。L_a 大时 k 小，L_a 小时 k 大，二者相互补偿。两个参数本应相互独立，这个结果也很不能令人满意。

将式(12.1)代入式(12.2)，整理之，得：

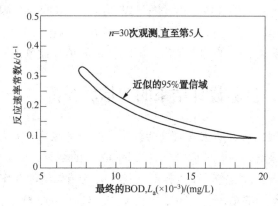

图 12.6 对 30 次观测、5 天实验的实际例子所作的近似 95% 置信域

$$\frac{dy}{dt} = L_a k \exp(-kt) \tag{12.8}$$

当 t 趋于零时，

$$\left.\frac{dy}{dt}\right|_{t=0} = kL_a \tag{12.9}$$

这时，两个参数的乘积为一常数，y 随 t 的变化率为定值，这时图 12.5 中的曲线应可以近似地看作直线。对照图 12.5，情况的确如此。由于这时 L_a 和 k 乘积为一常数，L_a 和 k 的关系为一双曲线，图 12.6 的置信域情况也是这样。这时，L_a 和 k 乘积为一常数。三组参数的乘积分别是：

0.30×8000=2400

0.13×15000=1950

0.19×11440=2174

相互差别也的确不大。由此得出结论，只在前 5 天取实验点是不适宜的，只根据前 5 天的实验结果求取 L_a 和 k 两个参数值不能给出准确的结果。相对于本实验的要求来说，5 天时间太短，是 t 趋于零的区域。要想得到可信的 L_a 和 k 值，实验时间必须延长。

根据这些分析，提出第二个实验方案。在第 4 天取 6 个点，第 20 天取 6 个点，共 12 个实验点，数据处理后得到 $k=0.22$，$L_a=10190$ 为基准，作出置信域图，情况大大改观。L_a 的置信区间为 9800~10500，k 的置信区间为 0.25~0.19。置信域的形状近于椭圆，两个参数的相关和互补性大大减低。这个方案，实验点数比第一方案少了一半以上，但求得参数的精确度大大提高。结果见图 12.7。

最后讨论第三种方案，即进行 59 次观测，时间延续到 20 天。在其置信域图（$k=0.217$，$L_a=10100$），（见图 12.7 的虚线椭圆），可以看到，置信域面积比第二方案缩小，但效果改进是有限的。

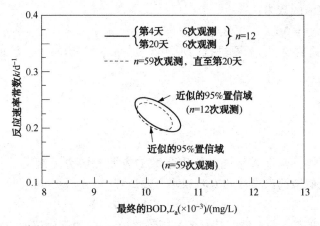

图 12.7　12 次观测和 59 次观测的近似 95% 置信域

通过 3 个实验方案效果的比较，使我们得到一个重要结论，即：不良的实验设计方案不能用多次重复或多取实验点数得到弥补。只有通过科学的实验设计，才能准确地求得模型中的参数。比较用最优化处理数据得到的 3 组结果，两个参数的点估计值相互差别并不算大（见表 12.1），但是它们的置信区间却有很大不同，因此，求得结果的精确度就大不一样了。

表 12.1　三种实验方案所得的参数值比较

实验方案	k	L_a
所有 59 次实验	0.22	10100
30 次观测，0~5 天	0.19	11440
4 天 6 次，20 天 6 次	0.22	10190

通过联合置信域图形的绘制和分析，使我们得到了一些新的认识和新的结论：通过散度和实验熵作出的实验设计，对模型判别得出明确结论之后，精确求取该模型参数的问题并未解决。还必须有为精确求取模型参数进一步的专门的科学实验设计方法，对参数取值进行精估。为此，就需要一套从置信域角度要求的实验设计方法。

12.4　以置信域容积最小作为目标的实验设计方法

若代数模型是 $f(K, \xi_u)$，其中 ξ_u 为变量（例如时间和温度）；K 为待估计的参数向量（例如 BOD 实验中的最终 BOD 和速率常数）。设计的目的是选择为得到最精确 K 估值的实验条件。假定实验变量可以精确地设计和控制。

对参数的偏倒数为:

$$x_{iu} = \partial f(K, \xi_u) / \partial K_i \qquad i = 1, 2, \cdots, p \qquad u = 1, 2, \cdots, n \qquad (12.10)$$

其中,p 为参数数目;n 为要进行的观测次数。$n \times p$ 阶矩阵的定义如下:

$$X = \{x_{iu}\} = \begin{bmatrix} x_{11} & x_{12} & \cdots & x_{p1} \\ x_{12} & x_{22} & \cdots & x_{p2} \\ \cdots & \cdots & \cdots & \cdots \\ x_{1n} & x_{2n} & \cdots & x_{pn} \end{bmatrix} \qquad (12.11)$$

模型为线性,则下式精确地给出参数的方差和协方差矩阵。如模型为非线性,则下式近似地给出参数的方差和协方差矩阵 $[V(K)]$:

$$V(K) = [X'X]^{-1} \sigma^2 \qquad (12.12)$$

式中,X' 是 X 的转置;$[X'X]^{-1}$ 为 $X'X$ 矩阵之逆;σ^2 为观测值的方差。

根据有关的推导,可以证明,欲使置信域容积极小,就是要 $V(K)$ 极小。因为 σ^2 是一个未知的常数,所以,要使置信域容积极小,就是要使 $[X'X]^{-1}$ 行列式值极小,或是使 $X'X$ 的行列式值极大。

对于两个参数的代数模型式,欲求两个参数,最少要做两次实验。这样,构成一个二阶方阵:

$$X = \begin{vmatrix} x_{11} & x_{12} \\ x_{21} & x_{22} \end{vmatrix} \qquad (12.13)$$

此处,x_{iu} 中 i 表示实验次数(1,2);u 表示参数(1,2)。于是

$$X' = \begin{vmatrix} x_{11} & x_{12} \\ x_{21} & x_{22} \end{vmatrix} \qquad (12.14)$$

由此进而推算出 $X'X$ 的矩阵行列式值(用 Δ 表示),化简后,得

$$\Delta = |X'X| = (x_{11}x_{22} - x_{21}x_{12})^2 \qquad (12.15)$$

欲使 Δ 值极大,实际上就是要求式(12.15)中等式右边括号内项的绝对值极大。这个值,恰好就是偏导数矩阵(12.13)行列式值的绝对值极大。用这种方法解出的两个最佳时间 t_1^* 和 t_2^* 称为 Box-Lucas 点。下面,我们通过对 BOD 实验的设计,说明具体的使用方法。

BOD 实验的动力学方程是:

$$y = L_a[1 - \exp(-kt)] \qquad (12.16)$$

求偏导数:

$$\frac{\partial y}{\partial L_a} = 1 - \exp(-kt) \qquad (12.17)$$

$$\frac{\partial y}{\partial k} = L_a t \exp(-kt) \qquad (12.18)$$

写出偏导数矩阵：

$$X = \begin{vmatrix} 1 - \exp(-kt_1) & L_a t_1 \exp(-kt_1) \\ 1 - \exp(-kt_2) & L_a t_2 \exp(-kt_2) \end{vmatrix} \tag{12.19}$$

求出 X 的矩阵行列式值：

$$\Delta^{\frac{1}{2}} = [1 - \exp(-kt_1)][L_a t_2 \exp(-kt_2)] - [1 - \exp(-kt_2)][L_a t_1 \exp(-kt_1)] \tag{12.20}$$

由于 L_a 是常数，并且在式(12.19)中可以作公因子提出来，因此，它不影响 Δ 的极大值。于是，为求极大值，式(12.19)可以改写为：

$$\Delta^* = \max_{t_1, t_2} = |(1 - e^{-kt_1})(t_2 e^{-kt_2}) - (1 - e^{-kt_2})(t_1 e^{-kt_1})| \tag{12.21}$$

令 $\dfrac{\partial \Delta^*}{\partial t_1} = 0$，$\dfrac{\partial \Delta^*}{\partial t_2} = 0$，解出两次实验最佳的 Box-Lucas 点位置是：

$$t_1^* = \frac{1}{k}, \quad t_2^* = \infty$$

用这个结论校对上一章给出的数据：

$k = 0.13$　　　$t_1 = k^{-1} = 7.7$ 天

$k = 0.30$　　　$t_1 = k^{-1} = 3.3$ 天

$k = 0.19$　　　$t_1 = k^{-1} = 5.3$ 天

这就是说，两次实验中的两个点中，时间短的那个点在 3～7 天之间，时间长的那个点应该是 ∞ 天，总共作 30 个点，最长时间才 5 天，显然不能满足要求，这就是实验中第一个方案是不良设计的原因。其置信域情况很不理想，也是这个道理。第二个方案选定第一组点在 4 天，第二组点在 20 天，4 天接近于 t_1 的最佳值，20 天已经很长，可以代替 ∞ 天，所以效果很好。第三个方案共 59 个点，长短时间都有，效果也很好，但费事过多，总体上未必是最优化的。

回顾用置信域容积为最小的实验方法设计实验，进行参数估值的过程。实际上也是序贯进行的。第一次实验之前，并不知道 k 值，无法知道 t_1^* 值，更无法知道大约进行多少天才可认为代替无限多天的结果。第一批实验后给出 k 的初估值，才可判断是否满足 t_1^* 和 t_2^* 的要求。在此基础上再做第二批实验，在进行数据处理，再校核 t_1^*，t_2^* 是否满足。如此序贯进行下去，直到满意为止。

第13章 准确求取反应动力学参数

用级数形式表达的反应动力学方程式：

$$r_A = kc_A{}^n \tag{13.1}$$

还被推广使用到有关固体催化剂失活的多方面研究之中。在烧结动力学研究中，除了1级和2级之外，还可能出现3级，甚至有14~16级的报道。在有关多相催化研究中，对吸附性很强的组分，也会出现负的级数值。因此，尽管在化学反应动力学研究文献中，对准确求取基数 n 的实验设计作过许多讨论，在扩展到有关失活动力学的研究时，有必要对准确求取 n 值的实验设计进行补充讨论。

在实验测定中，总是不可避免地存在着随机误差。因此，在 n 的点估计时，同时最好给出其区间估计，用以判断测定结果的精确程度。由于参数 k 和 n 互相影响，必须以其联合置信域中得出各自的区间估计值。本章以联合置信域容积最小作为目标函数进行分析，找出最佳实验设计的基本要求。

13.1 最小实验点数及位置安排

用置信域检验反应级数 n 的手续是：

（1）根据动力学数据平方和最小（S^*）估算反应级数 n 和速度常数 k：

$$S^* = \sum_{i=1}^{n_1} (r_i - r_{i\text{计}})^2 \tag{13.2}$$

（2）计算 S_c 值。

$$S_c = S^* + \frac{S^*}{n_1 - p_1} \cdot p_1 \cdot F_\alpha(p_1, n_1 - p_1) \tag{13.3}$$

式中 n_1——实验点数；

P_1——参数，在模型1中，$P_1 = 2$；F_α 为统计量，α 一般取 0.05。

（3）画出 k 和 n 的置信域：

$$S_c = \sum_{i=1}^{n_1} (r_i - kc_i)^2 \tag{13.4}$$

式中，S_c 由式（13.3）得出，r_i 和 c_i 是实验值，因此，每给定一个 n 值，就可以解出一个或两个 k 值。当 n 值指定得不适当时，k 值无解。将有解的 k 和 n 值在平面坐标 (n, k) 上联线，画出联合置信域。从中找出最大值和最小值，得出 n 和 k

的取值范围。

从统计的观点看，实验点数越多，可靠性越大。将式(13.3)改写为：

$$S_c = S^* \left[1 + \frac{2}{n_1 - 2} F_a(2, n_1 - 2) \right] \qquad (13.5)$$

等式右边的两项相互独立，括号中的项值，即(S_c/S^*)越大，S_c值越大，从而由式(13.4)算出的置信域容积也越大。实际上，在 α 确定之后，S_c/S^* 值唯一地由 n_1 值决定。现计算 $n_1 = 3 \sim 20$ 的值可以看出，随着 n_1 值大于8以后，变化趋势平缓下来，结果见图13.1。所以，从减小置信域容积角度看，实验点数最好大于8个。

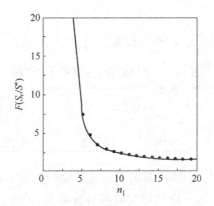

图 13.1　S_c/S^* 与实验点数 n_1 的关系

计算置信域时，不仅与式(13.3)的 S_c 有关，还与式(13.4)中转化深度(即 c 值)和动力学模型本身有关。为此，我们做了如下计算和分析：

实验设计的准则是被估参数的置信域容积最小。最简单的两参数两次实验 A 和 B 的最佳条件计算如下：

对式(13.1)中两数求偏倒数：

$$\left. \begin{array}{l} \dfrac{\partial r}{\partial k} = c^n \\[2mm] \dfrac{\partial r}{\partial n} = kc^n \ln c \end{array} \right\} \qquad (13.6)$$

模型的偏倒数矩阵为：

$$X = \begin{vmatrix} x_{AA} & x_{AB} \\ x_{BA} & x_{BB} \end{vmatrix} = \begin{vmatrix} c_A^n & kc_A^n \ln c_A \\ c_B^n & kc_B^n \ln c_B \end{vmatrix}$$

被估参数的协方差为 $V(k) = [X'X]^{-1} \sigma^2$，式中 X' 为矩阵 X 的转置，σ^2 为实验值的方差，是一个未知的数。使置信域容积最小，就是使 $(X'X)^{-1}$ 行列式最小，

或 $(X'X)$ 行列式值最大。

$$|X'X| = (X_{AA}X_{BB} - X_{AB}X_{BA})^2$$

$|X'X|$ 为极大时，$|X_{AA}X_{BB} - X_{AB}X_{BA}|$ 为极大。

设 $\Delta = |X_{AA}X_{BB} - X_{AB}X_{BA}|$，则 $\Delta = |c_A^n k c_B^n \ln c_B - c_B^n k c_A^n \ln c_A|$。

当 Δ 取极值时，$\partial\Delta/\partial c_A = 0$，$\partial\Delta/\partial c_B = 0$，由此解得，欲使置信区域容积最小，应使两次实验中其组分浓度的相应比值为：

$$\frac{c_B}{c_A} = e^{\frac{1}{n}} \tag{13.7}$$

转化率：

$$x^* = 1 - \frac{c_A}{c_B} \tag{13.8}$$

n 取不同值时，c_B/c_A 及 x^* 计算结果如表 13.1 所示。

表 13.1　不同级数对应的最佳转化率

n	0.5	1	1.5	2	2.5	3
c_B/c_A	7.4	2.7	1.9	1.6	1.5	1.4
x^*	0.8648	0.6296	0.473	0.375	0.333	0.2857

在整个推算过程中，A 和 B 两次实验是等价的。对于正级数模型，若取 $t = 0$ 时的起始浓度或分压为 c_B，则最佳实验点位置取为 c_A，c_A 值可由式(13.7)推出。对于负级数模型，若取 $t = 0$ 时的起始浓度为 c_A，则最佳实验点位置取为 c_B，与正级数模型的要求在数值上是相同的。

按照常规的动力学实验方法，人们总是希望得到一条完整的浓度或转化率随时间变化的曲线，8 个点不宜在 $e^{1/n}$ 处重复进行，但是，式(13.7)要求我们，最佳点必须在曲线之中。

有些实验的起始浓度可以有计划地改变，c_B 和 c_A 也可以各表示一次起始浓度的值，应在 $e^{1/n}$ 附近。这样，从联合置信容积最小分析，对实验点数和实验点位置，都给出了具体要求。这些结论，实际上也适用于均相反应动力学的研究。

13.2　文献实例校核

现在，运用所得到的实验设计原则，对文献中的一般动力学研究实例进行校核和讨论。

例 13.1　《基本有机化工反应工程》一书中，有这样一个求取反应级数的例子：

$$A + B \rightarrow E$$

$$r_A = -\frac{dc_A}{dt} = kc_A^n$$

原始实验数据以及由微分法算得的反应速度列在表 13.2，请分析 $k-n$ 的置信域。

表 13.2 例 13.1 的实验数据

$t/\min$	$c_A/(\mathrm{mol/L})$	$c_A/\Delta t/[(\mathrm{mol/L})/\min]$	$t/\min$	$c_A/(\mathrm{mol/L})$	$c_A/\Delta t/[(\mathrm{mol/L})/\min]$
0	0.3335		19.60	0.1429	0.00406
2.25	0.2965	0.01644	27.00	0.1160	0.00364
4.50	0.2660	0.01356	30.00	0.1053	0.00375
6.35	0.2450	0.01135	38.00	0.0830	0.00279
8.00	0.2255	0.01182	41.00	0.0767	0.0021
10.25	0.2050	0.00911	45.00	0.0705	0.00155
12.00	0.1910	0.008	47.00	0.0678	0.00135
13.50	0.1794	0.00773	57.00	0.0553	0.00125
15.60	0.1632	0.00771	63.00	0.0482	0.00118
17.85	0.1500	0.00587			

解：原书给出 $n=1.5$，由此算得最佳转化深度：

$$c = c_{A0}/e^{\frac{1}{1.5}} = \frac{0.3335}{1.9} = 0.1755$$

在 18 个实验数据中，c 小于 0.1755 的有 10 个点，大于 0.1755 的有 8 个点，不论是实验点数还是实验点位置都是理想的。进而算出 $S^* = 6.22 \times 10^{-6}$，$S_c = 9.02 \times 10^{-6}$，绘出置信域图，如图 13.2 所示。

求得 n 的取值范围为 1.34~1.70，k 的取值范围为 0.0720~0.1262。原书确定级数 n 为 1.5 是准确的，原书用两种方法求得的 k 值为 $9.2 \times 10^{-2} (\mathrm{L/mol})^{1/2}$ $\min^{-1}$ 和 $1 \times 10^{-1} (\mathrm{L/mol})^{1/2} \min^{-1}$ 是可信的。

在本例中，反应速度由微分法计算得出，若直接从原始数据，不经过换算，用 c、t 直接绘制置信域图，式(13.2)和式(13.4)则应改为：

$$S^* = \sum (c_{i\dagger} - c)^2 \tag{13.9}$$

$$S_c = \sum \left\{ c - \left[c_2^{1-n} + (n-1)kt \right]^{\frac{1}{1-n}} \right\}, \quad n \neq 1$$

$$S_c = \sum (c - c_o e^{-kt}), \quad n = 1 \tag{13.10}$$

由此绘出的置信域见图 13.3。从中得出 n 的取值范围为 1.48~1.63，k 的取值范围为 0.0886~0.1138，范围更窄一些，可能与减少了 r 计算过程的误差有关。

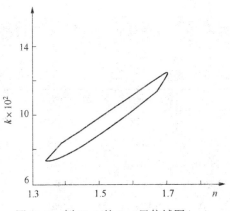

图 13.2　例 13.1 的 $k-n$ 置信域图（一）

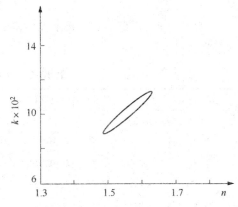

图 13.3　例 13.1 的 $k-n$ 置信域图（二）

应当说明，如果用浓度直接计算置信域，式(13.6)中求偏导的方程式也要相应从式(13.1)的积分式，即由 $\partial c/\partial k$ 和 $\partial c/\partial n$ 求出，从而后面的推导过程也要相应改变。虽然 c_A/c_B 与式(13.7)的结果可能不完全相同，但是不会有太大的差别。由于 $c_A/c_B = e^{1/n}$ 的要求只是一个大致的数值，改用积分式求偏导后，最后很难得出解析解，因此未再进一步推算。

例 13.2　在 A. A. 福洛斯特著《化学动力学和历程》一书中，有这样一个例子，为便于比较，将原书中的分压换算为转化率。

154.6℃的气相分解反应：

$$(CH_3)_3COOC(CH_3)_3 \longrightarrow 2(CH_3)_2CO + C_2H_6$$

其实验结果见表 13.3。

表 13.3　例 13.2 的实验数据

t/min	2	3	5	6	8	9	11
$x/\%$	3.98	5.76	9.16	10.89	14.24	15.85	19.14
t/min	12	14	15	17	18	20	21
$x/\%$	20.40	23.34	24.73	27.44	28.93	31.30	32.68

解：用一级反应式计算常数，再进行反算，计算值与实验值符合很好，残差平方和很小。但是，不论是用式(13.2)、式(13.3)、式(13.4)从微分法求出置信域见图(13.4)，还是用式(13.9)、式(13.4)、式(13.10)积分法求出的置信域，形状都很不理想，宛如一条双曲线，n 和 k 取值范围都很宽，其结果见表 13.4。

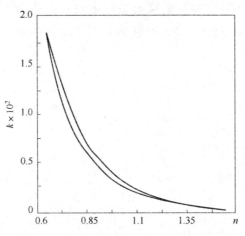

图 13.4 例 13.2 的 $k-n$ 置信域图

表 13.4 计算得的 k 值比较

微分法	$n(0.65\sim1.55)$	$k\times10^5(1.99\sim182.76)$
积分法	$n(0.9\sim1.6)$	$k\times10^5(1.55\sim52.87)$

出现这个现象的原因，是没有在最佳实验点位置 $x=0.6296(n=1)$ 附近取点，实验中最大的转化率 $x=0.3268$，转化深度远未达到要求。尽管这组实验做得很仔细，点数也很多，仍然只能认为是精确求取级数的一组预实验。

例 13.3 我们考察了 J. M. Smith 所著 *Chemical Engineering Kinetics* 一书(4)中的一个例题：

$$N(CH_3)_3+CH_3CH_2CH_2Br \longrightarrow (CH_3)_3(CH_3CH_2CH_2)N^++Br^-$$

两种反应物的起始浓度相同都是 0.1mol/L，用 c_A 表示 $N(CH_3)_3$ 的瞬时浓度，139.4℃的实验结果见表 13.5。

表 13.5 例 13.3 的实验数据

t/min	13	34	59	120
$x/\%$	11.2	25.7	36.7	55.2
$c_A/(md/L)$	0.0888	0.0743	0.0633	0.0448
$c_{A,cal}$	0.0885	0.0746	0.0629	0.0455

解：把实验结果分别用一级和二级动力学积分式拟合，发现二级符合较好，反算值 $c_{A,cal}$ 列在表中，由此算得：$S^*=8.10\times10^{-7}$，由下检验表中查得，$F_{0.05}(2,2)=19$，由式(13.3)算出 $S_c=1.62\times10^{-5}$，进而由式(13.4)在计算机上绘出 $k-n$ 的联合置信域。从图 13.5 看出，置信域形状不理想，k 和 n 明显相关；级数 n 的取值

范围在 1.3 和 2.7 之间。若仅由这组数据确定反应级数为 2，显得有些粗糙。最佳转化率应为 0.375（$n=2$），能够满足要求，这组实验的缺点是实验点数太少。

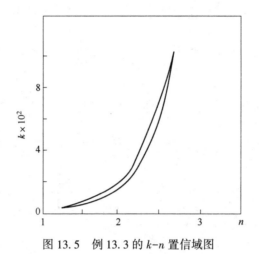

图 13.5　例 13.3 的 k-n 置信域图

13.3　GPLE 烧结动力学参数的求取

负载型金属催化剂的烧结程度可用金属在载体上的分散度 D 的变化表示。传统的级数型烧结动力学为：

$$-\frac{\mathrm{d}(D/D_0)}{\mathrm{d}t} = k_s(D/D_0)^n \tag{13.11}$$

式中　D_0——在烧结时间为 0 时金属的分散度；

　　　k_s——烧结速度常数；

　　　n——烧结级数。

这种简单级数模型也被称为 SPLE（Simplified Power Law Expression）模型。人们发现，在使用这个模型拟合烧结数据时，存在着许多局限和不便。首先由 SPLE 模型得出，当 t 趋于无穷大时，D 趋于 0。对于烧结引起的失活，这种推论值得商榷。理论上讲，载体表面上晶粒的聚结和长大是不可能无限制的，最终存在一个热力学平衡状态，这个平衡状态不随烧结时间的延长而变化。与其对应的分散度和催化剂活性，称之为催化剂的稳态分散度和稳态活性。显然，稳态活性和稳态分散度都是大于 0 的。

其次，对于 Pt/Al_2O_3、Ni/Al_2O_3 等典型的催化剂，SPLE 中烧结级数取值从 2~15。事实上，对于同一催化剂体系，烧结级数随烧结时间、温度和气氛的不同而有所不同。同时 SPLE 中 k_s 和由 k_s 得到的活化能数据都与 n 存在函数关系。这些因素使得我们无法定量地研究和比较在相同烧结条件下不同催化剂的烧结速度。

为了解决 SPLE 的上述问题，Fuentes、Batholomav 等人于 1987 年提出了通用级数型（General power law Expression，简称 GPLE）烧结动力学方程：

$$-\frac{\mathrm{d}\left(\dfrac{D}{D_0}\right)}{\mathrm{d}t} = k_s \left(\frac{D}{D_0} - \frac{D_s}{D_0}\right)^m \tag{13.12}$$

式中 D_s——催化剂在烧结时间无限长时的稳态分散度。

对大量的文献数据进行整理，发现所有的烧结实验数据均可用 $m=1$ 或 2 的 GPLE 方程拟合。这样，所有实验数据的动力学分析简化为两种情况：一级（$m=1$）和二级（$m=2$）GPLE。具有相同级数的烧结数据之间，可以很方便地用 k_s 来量化比较其烧结速度，从而大大方便了烧结实验的分析和比较。同时，D_s 的引入，也从数学上解决了 SPLE 在时间无限长时的推论与实际结果的矛盾。所以说，GPLE 烧结动力学方程的提出是烧结研究中的一个重大进步。当 $D_s=0$ 时，GPLE 模型退化为 SPLE 模型。

在 Fuentes 和 Bartholomew 的研究中所引用 Pt/Al_2O_3 的实验数据中，大部分数据的烧结时间偏短，数据点少，其中 85% 的数据，烧结时间在 100h 以下，每组数据的实验小于 5 个。他们的稳态分散度数据是通过用 GPLE 方程拟合实验数据得到的。我们认为，从烧结初期很少的几个实验点来拟合外推很长时间的 D_s 将会带来很大的误差。同时，D_s 是 GPLE 最关键的概念，它也需要长时间的实验结果来验证。

我们实验室系统研究了 Pt/Al_2O_3 催化剂的烧结失活规律，以 Pt 在催化剂上的分散度表示活性变化时，得到了如下一组 Pt 分散度随时间变化的数据。

t/h	0	2	6	18	42	79	150	246	405	598	886	1006
D	0.453	0.443	0.185	0.163	0.126	0.084	0.076	0.072	0.063	0.061	0.060	0.060

现在通过数据处理来说明其符合 GPLE 1 级失活还是 GPLE 2 级失活，并绘出所得参数的联合置信域，看其实验设计是否合理，所得参数是否精确。

首先对式（13.12）进行积分，其积分形式为：

GPLE-1：
$$\frac{D}{D_0} = \left(1 - \frac{D_s}{D_0}\right) e^{-k_s t} + \frac{D_s}{D_0} \tag{13.13}$$

GPLE-2：
$$\frac{D}{D_0} = \frac{1}{1/(1 - D_s/D_0) + k_s t} + \frac{D_s}{D_0} \tag{13.14}$$

下面用黄金分割优化法求取参数。使用的目标函数 Err 为：

$$Err = \sum_{i=1}^{k} \left(1 - \frac{RD_i^{cal}}{RD_i} \right)^2 \tag{13.15}$$

式中 RD——等于 D/D_0；

  RD_i——实验值；

  RD_i^{cal}——模型计算值。

将 12 个点一起分别用 1 级和 2 级优化求取参数，其结果为：

$$D_{S1} = 0.0599, \quad k_{S1} = 0.0392, \quad Err_1 = 1.400$$
$$D_{S2} = 0.0587, \quad k_{S2} = 0.2299, \quad Err_2 = 0.199$$

因此该催化剂符合 2 级失活机理，将模型曲线画在图 13.6 中。现在来求取其联合置信域。将前 7 个点，全部 12 个分别求取置信域画在图 13.7 中。

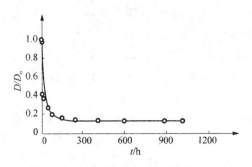

图 13.6   GPLE-2 模型曲线

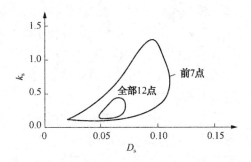

图 13.7   前 7 个点和全部 12 个点
求取参数的置信域

由置信域图 13.7 可见，只作前 7 个实验点，即 150h 结束，置信域面积很大，形状不理想。将实验延长到 1006h，得到的置信域面积较小，形状近于椭圆，求得的参数值才是精确的。所以，精确求取 D_{eq}，实验宜进行很长时间。

按照 12.4 节的方法，我们对式（13.13）和式（13.14）求解其 Box-Lucas 点得出，对于 GPLE-1，$t_1^* = 1/k_S$；对于 GPLE-2，$t_1^* = \dfrac{1}{k_S(1-D_S)}$。不论 GPLE-1 还是 GPLE-2，$t_2^* = \infty$。进一步的分析证明，对于 GPLE-1，$t_2^*$ 可用 $5t_1^*$ 表示；而 GPLE-2，则宜用 $50t_1^*$ 表示。具体结果发表在 1999 郑州工业大学学报上。由此校核上述结果，按 GPLE-2，$t_1^* = \dfrac{1}{0.2299 \times (1-0.0587)} = 4.62\text{h}$，$t_2^* = 50 \times 4.62 = 231\text{h}$，前 7 个点置信域大，是因为 t_2^* 不能满足要求。全部实验点中已将 t_2^* 的要求满足，所以置信域就小得多。

第14章 Monte Carlo 模拟

自第 10 章到 13 章，我们讨论的都是数学模型问题。其基本思路是，对过程的物理或化学的实质进行分析、简化，建立数学模型，然后通过实验求取模型中的参数，完成数学模型的建立。在实际上，这种方法并不能解决所有问题。有些数学模型过于复杂，求解又相当困难，简化若不适当，又会失真。有时，直接进行实验也有一定困难。这一套数学模型的思路和方法就遇到了很大的困难。由此发展出了一套新的计算机模拟和实验方法，就是 Monte Carlo 模拟法。

第二次世界大战期间，美国 Los Alamos 实验室论证出了制造原子弹的可能性，但要制出实际可用的核武器，逐项解决大量复杂的理论和技术问题，如中子轨道和辐射轨道等等问题，描述这些过程需要相当复杂的微分、积分的耦合方程组。科学家们采用建立基础的物理模型，用随机抽样法在计算机上进行模拟的方法。这种方法与数学模拟法不同，不从物理模型建立数学模型(太复杂)，而是在计算机上进行试验，用随机抽样法解决问题。Monte Carlo 是一个赌城，赌博的特点就是随机性，由此对本法进行命名。

1949 年 Metropolis 和 Wlam 发表了第一篇论文，学术界以此作为 Monte Carlo 法诞生的标志。Monte Carlo 法是在计算机发展起来后才出现的。根据基础的物理模型在计算机上改变条件、观测结果，作出结论，因此也称为"计算机实验"。

科学上传统的分为"理论科学"和"实验科学"，有人认为应将"计算机模拟"列为第三分支，它不是纯理论的，又不是纯实验的。后来，Monte Carlo 模拟方法逐渐被推广到化学、化工研究中，本章介绍其基本思路和工作方法。

14.1 Monte Carlo 方法基础

用 Monte Carlo 方法模拟某过程，需要产生各种概率分布的随机变量。最简单、最基本，也是最重要的随机变量是在 [0，1] 区间上均匀分布的随机变量。产生均匀分布随机数的方法，可以采用物理方法和数学方法。用数学方法产生的随机数一般均采用某种确定性的数学表达式来实现，因此并非真正"随机"，故通常称为"伪随机数"。"伪随机数"在使用前应检验一下随机数的质量好坏。目前一般采用乘同余法产生随机数。

为了对 Monte Carlo 方法的基本特征有一个最为初步的了解，下面给出一个用 Monte Carlo 方法求解定积分的例子，从这个例子可直观地体会到用 Monte Carlo 方法求解确定性问题的基本过程。

设我们要计算定积分：

$$I = \int_0^1 \exp(-x)\,\mathrm{d}x \tag{14.1}$$

这个积分的值 $I = 1 - \mathrm{e}^{-1} \approx 0.63212$。若用图解积分，就是图 14.1。

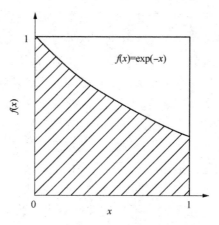

图 14.1 式(14.1)的被积函数
图中阴影部分的面积即为其积分值

x, $f(x)$ 两轴最大值都等于 1，总面积为 1。曲线为 $f(x) = \exp(-x)$，曲线下面阴影部分的面积为 0.632。若转化为概率问题，就是一个箱内装有 1000 个球，其中 632 个为红球，368 个为白球，随机抽样，某一次可能抽得的是红球，也可能是白球，但经过很大量次数抽样后，若抽样总次数为 N，抽得红球的次数为 V，则 V/N 必等于 0.632。若在计算机上进行，则其步骤为：

(1) 产生在 $[0, 1]$ 区间上均匀分布独立的随机数 r, r'；

(2) 令 r, r' 分别为所投点的 x, y 坐标值，若 $r' \leqslant \mathrm{e}^{-1}$，则表明所投的点落在阴影区内，因此 ν 加上 1，N 也加上 1；

(3) 重复(1)、(2)直至 N 足够大；

(4) 计算 $\bar{I} = \dfrac{\nu}{N}$。

计算结果图示于图 14.2。自图中看出，当 N 大于 200 时，I 值稳定在 0.632 处。这就是说，为了用随机抽样的方法来求解该积分，我们先构造一个概率模型，这里要强调的是，实现同一问题求解的概率模型可以多种多样。根据图 14.1 可知，图中方框的总面积为 1，而我们所要求的积分值即为图中阴影部分的面

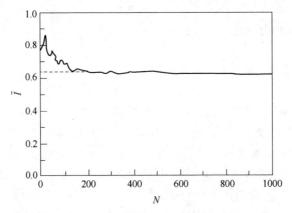

图 14.2 Monte Carlo 方法求解式(14.1)的积分值 I 与抽样次数 N 的关系

图中虚线表示其精确的积分值

积。因此，对于这里考虑的问题，我们拟构造这样的概率模型，即在 1×1 的正方形平面中均匀随机地投点，则落入阴影区中的概率即为积分值 I。设在 N 次投点试验中，落入阴影区的点为 ν 次，那么观察频数 ν 也是一个随机机变量，其数学期望 $E(\nu)=N\cdot\nu$。令 $\bar{I}=\dfrac{\nu}{N}$，表示观察频率，那么按照大数定理，当 N 充分大时，频率收敛于概率，即

$$\bar{I}=\frac{\nu}{N}=E(\xi)=I$$

因此可由上述概率模型在 N 很大时所得到的 $\dfrac{\nu}{N}$ 近似地等于所求的积分值 I。在这个运算中，$\exp(-x)$ 相当于概率密度函数。

自图 14.2 中可以看到以下 4 个特征，事实上，这也是 Monte Carlo 方法的基本特征。

（1）由于 Monte Carlo 是通过大量简单的重复抽样来实现的，因此，Monte Carlo 方法及程序十分简单。

（2）Monte Carlo 方法收敛与一般数值方法相比是比较慢的，因此，Monte Carlo 方法最适合于用来解数值精度要求不太高的问题。

（3）Monte Carlo 方法的误差主要取决于样本的容量 N 而与样本中元素所在的空间无关，即 Monte Carlo 方法的收敛速度与问题的维数无关，因而更适合于求解多维问题。这一点只要将上述问题设想成多维空间的积分就容易理解。

（4）Monte Carlo 方法对问题求解的过程取决于所构造的概率模型，因而对各种问题的适应性很强。

14.2 乘同余法

产生随机数在 Monte Carlo 法中是很重要的。下面介绍一下产生随机数的一般方法乘同余法。

产生均匀分布随机数的方法，可以采用物理方法和数学方法。最简单的产生随机数的物理方法是掷硬币游戏，若把硬币的正、反面分别计为 0 和 1，就可以得到由这两个数字所构成的随机数系列。其中 0 和 1 出现的概论均为 1/2。

用数学方法产生随机数一般均采用某种确定性的数字表达式来实现。此其并非真正的"随机"，通常称其为"伪随机数"。用数学产生伪随机数的优点是：因为它借助于迭代公式，所以特别适合于计算机。目前，多数的计算机均附带有"随机数发生器"。然而，用数学迭代方法产生随机数一般均存在周期现象。随着迭代过程的不同，其效果也各不相同。下面简要介绍一下目前广泛采用的乘同余法。

乘同余法由 Lehmer 首先提出。乘同余法的迭代公式为：

$$x_{n+1} = \lambda x_n (\bmod M) \tag{14.2}$$

当周期很大时，可用

$$\{r_n\} = \{x_n / M\} \tag{14.3}$$

作为 $[0, 1]$ 区间上均匀分布的伪随机数序列。对这个伪随机数序列作随机性检验，结果被认为是满意的。现将采用参数及周期列于表 14.1。

在具体计算中，$[0, 1]$ 区间的伪随机数可与通用函数一样方便地调用，此外若已知有 $[0, 1]$ 区间的伪随机数序列 $\{r_n\}$，则只要通过式 (14.4) 即可方便地给出 $[a, b]$ 区间的整数型随机数序列 $\{R_n\}$，

$$R_n := \text{INT}[(b + 1 - a) \cdot r_n] + a \tag{14.4}$$

这里 INT$[*]$ 表示对括号内的数取其整数部分。

表 14.1　乘同余法的参数和周期

$M(2^S$ 或其他$)$	$\lambda(5^{2k+1}$ 或其他$)$	$M(2^S)$	$\lambda(3^{2k+1})$	x_0	周期
2^{30}	5^{11}	2^{30}	3^{17}	1 或任意奇数	2^{S-2}
$2^{30}-2^{34}$	5^{13}	$2^{31}-2^{33}$	3^{19}	1 或任意奇数	2^{S-2}
$2^{35}-2^{39}$	5^{15}	$2^{34}-2^{36}$	3^{21}	1 或任意奇数	2^{S-2}
$2^{41}-2^{34}$	5^{17}	$2^{37}-2^{39}$	3^{23}	1 或任意奇数	2^{S-2}
$2^{35}-2^{39}$	5^{19}	$2^{30}-2^{32}$	3^{25}	1 或任意奇数	2^{S-2}
		$2^{33}-2^{35}$	3^{27}	1 或任意奇数	2^{S-2}
		$2^{36}-2^{38}$	3^{29}	1 或任意奇数	2^{S-2}

14.3　化学反应的特征与 Monte Carlo 模拟

化学反应实际上是一个随机过程，以最简单的 A→B 反应为例。在一个大量 A 分子存在的体系中，由于分子相互碰撞，不断交换能量，微观上看每个 A 分子具有的能量并不相同，存在着能量分布。只有那些能量超过活化能 E 要求的分子 A^* 才能反应生成 B。若写成机理式，为：

$$A+A \xrightarrow[\enspace k_2 \enspace]{\enspace k_1 \enspace} A^*+A$$

$$A^* \xrightarrow{\enspace k_3 \enspace} B$$

不论是碰撞还是反应，都是以分子为单位进行。因此，从微观上看，是一个离散过程不是一个连续过程。哪一个分子成为 A^* 是随机的，成为 A^* 后是反应生成 B 还是与另一个能量低的 A 碰撞返回 A，也是随机的。这就是说，从微观上看 A 生成 B 是一个离散的随机过程。物理化学中证明，当 $k_3 \ll k_2 c_A$ 时，总的反应速率是：

$$r = -\frac{dc_A}{dt} = kc_A \tag{14.5}$$

以上讨论说明，化学反应过程具有如下特征：

(1) 化学反应中分子数的变化只能是一整数量；

(2) 化学反应是一个随机过程。

这些特征，正好符合 Monte Carlo 方法的要求。

在反应动力学中，使用以上浓度形式的动力学方程式隐含着两个重要假定：①反应是连续的，是 c_i 的连续函数；②反应是确定的。实际上这是从宏观角度看的，一个 mol 的分子有 10^{23} 个，一个 mmol 的分子也有 10^{20} 个。分子的单位是如此之小，不妨把它看作是连续的。从宏观上看，不论这个分子还是那个分子自 $A^* \to B$，由于分子数量大，就其动力学规律来说，可以看作是确定的。但是，如果自微观角度分析，以分子为单位作模拟，还是看作离散的随机过程才准确。这为 Monte Carlo 方法在化学动力学中的使用奠立了基础。

14.4　一级催化反应的 Monte Carlo 模拟算法示意

将一级化学反应速率方程式(14.5)改写为分子数 n 的表示式。因 c_A 的单位是单位体积中的摩尔数，则 $c_A = \dfrac{n_A}{N \cdot V}$，$V$ 为反应体积，N 为阿伏加德罗常数。代入式(14.5)消去 N 和 V 得：

$$-\frac{\mathrm{d}n_A}{\mathrm{d}t} = kn_A \qquad (14.6)$$

反应若在催化剂的表面进行，浓度的单位可以变为单位活性表面上的分子数。对于一级反应，等式两边消去表面积，结果与式(14.6)相同。若用宏观连续的角度处理，反应时间自 0 到 t 区间反应的分子数就是将该式积分，得：

$$n_A = n_{A0}\exp(-kt) \qquad (14.7)$$

式中　n_{A0}——反应开始时 A 分子的分子数。

若用 Monte Carlo 法计算，一种处理方法是：把催化剂表面用 100×100 的平面表示，这个平面上有 10000 个结点，它们都是活性中心，假定它们都吸附满了 A 分子。也就是说，有 10000 个被吸附的 A 分子。单位时间内，A 分子反应变为 B 分子的概率与各分子在此条件下转化为 B 的概率有关，也与 A 的总分子数有关。因此，kn_A 相当于概率密度函数。k 对应于在单位时间内一个 A 分子转化为 B 分子的概率。

计算时间自 0 到 t 区间内 A 转化率的具体方法是：指定一个概率 P_1，发生一个随机数 r_1，若 $r_1 \leqslant P_1$，就像图 14.1 那样落在阴影部分，表示 A 分子发生反应，v 计为 1，n_B 计为 1。若 $r_1 > P_1$ 就像图 14.1 那样落在阴影部分之外，A 不发生反应，v 计为 1，n_B 计为 0。用遍历法对这 10000 个分子依次进行检查，同时发生 10000 个随机数。每进行一步，称为一个 Monte Carlo 步。第一次进行时，网格上全是 A，比较容易进行，此后各步中可能会遇到网格上是 B 的情况，对于不可逆反应，B 不再转化，此时 r_1 无效。继续进行下一步。

实验中反应时间单位依反应速率的快慢，记时单位可分别取为秒、分、时、天，在此模拟中，Monte Carlo 步的多少相当于时间的长短。因为一个 Monte Carlo 步太小了，用许多 Monte Carlo 步作为一个记时单位，例如 2000 步作为一个记时单位。

在完成第一个时间单位 2000 Monte Carlo 步的计算后，将结果累加，得出 n_B，$10000 - n_B = n_A$。相应的算出 c_{B1}，x_1，c_{A1}：

$$c_{B1} = x_1 = \frac{n_B}{10000} \qquad (14.8)$$

$$c_{A1} = 1 - x_1 \qquad (14.9)$$

然后进行第二个时间单位的计算，给出累加结果 c_{B2}，x_2，c_{A2}，这样继续进行下去，直到达到相应的转化率。绘出图来，与积分法给出的 c-t 曲线相同。这里不再绘出。

14.5　一级连串反应

若反应物 A 生成 B 后，在同样条件下 B 还可以继续反应生成 C，且两步反应都是一级，则称为一级连串反应。

$$A \xrightarrow{k_1} B \xrightarrow{k_2} C$$

本节讨论这个复杂反应的 Monte Carlo 模拟算法。

14.5.1 催化剂表面上连串反应的示意模拟计算

处理方法与上节相同。反应开始时 10000 个 A 被吸附在活性中心上。由于还没有反应，n_B 及 n_C 都等于零。所不同之处是：由于存在着 A、B、C 三个物种，A→B 和 B→C 两个反应，就需要对应地指定两个概率 P_1 和 P_2。进行计算时，发生两个随机数 r_1 和 r_2。在对分子遍历检查时，若是 A 分子，则在 $r_1 \leqslant P_1$ 时 A 分子转化为 B，n_B 增加一个；若 $r_1 > P_1$，A 分子不反应。若遇到的是 B 分子，则在 $r_2 \leqslant P_2$ 时，B 分子反应，n_C 增加一个。若 $r_2 > P_2$ 时，B 分子不反应。若遇到的是 C 分子，无效，不反应。

将累加结果绘出 n_A、n_B、n_C 三条曲线。其中 n_B 曲线先升高后降低，是一条峰形曲线。形象地表示出当反应开始后 B 分子随时间增加而升高，但在 B 分子出现的同时，又进一步反应生成 C 分子，B 分子越多，生成 C 的概率越大，当生成 C 的速率大于生成 B 的速率时，n_B 的曲线又呈下降趋势。与积分法的结果是完全一致的。

实际上催化过程的 Monte Carlo 模拟要观察的问题比这两节讲的复杂得多，这里只是经过大量简化的一种示意方法，但从中还是可以看出 Monte Carlo 法处理的特点。

14.5.2 均相连串一级反应的处理方法

在体积为 V 的体系中，存在着 A、B、C 三种分子，A→B 和 B→C 两种反应，随着反应时间的延长，A、B、C 的分子数 n_A、n_B、n_C 都在变化。因此，体系的状态应是 n_A、n_B、n_C 和时间 t 的函数。或者说：在 t 时刻，当体系处于状态（n_A、n_B、n_C），而在 t 时刻后，体系将因化学反应而改变。引入概率密度函数 $P(\tau, \mu)$，其定义是：

$P(\tau, \mu)$ 是体系在 t 时刻的状态（n_A、n_B、n_C），在体积 V 中下一个反应发生是在 $t + \tau \rightarrow t + \tau + \Delta\tau$ 时间间隔内，而且该反应为第 μ 个反应的概率。在本节中，μ 为 1，2。$\mu = 1$ 对应于 A→B，$\mu = 2$ 对应于 B→C。

经过较为严格的推导证明，下一个反应发生的概率 $P_0(\tau)$ 与 τ 有关：

$$P_0(\tau) = \exp\left[-\sum_{\mu=1}^{M} a_\mu \tau \right] \tag{14.10}$$

式中，$a_1 = k_1 n_A$，$a_2 = k_2 n_B$。

由此得出一个重要的结论，两次反应发生的时间间隔 τ 不是一个常数，而是满足上式所示的指数分布的随机变量。发生一个随机数 r_1，r_1 是单位区间内均匀分布的随机数。将上式写为其反函数形式，得：

$$\tau = \frac{1}{k_1 n_A + k_2 n_B} \ln \frac{1}{r_1} \qquad (14.11)$$

则下一步反应的时间为 $t+\tau$。确定了下一步反应时间后，还要确定下一步发生的是哪一个反应。这时再发生第二个随机数 r_2。

如果 $r_2 < \dfrac{k_1 X_A}{k_1 X_A + k_2 X_B}$，则发生 A→B 的反应。

如果 $r_2 \geqslant \dfrac{k_1 X_A}{k_1 X_A + k_2 X_B}$，则发生 B→C 的反应。

给定了反应速率常数后，计算的具体步骤是：

（1）输入速率常数如：$k_1 = 0.025$，$k_2 = 0.0125$，令初始 $t=0$ 时，A 分子数为 2000，B=0，C=0。

（2）产生两个随机数 r_1，r_2，由 r_1 按式(14.11)计算时间间隔 τ，将时间 t 增加 τ，由 r_2 来决定将发生反应的类型。

若 $r_2 < \dfrac{k_1 X_A}{k_1 X_A + k_2 X_B}$，则发生 A→B 的反应，A 分子数减 1，B 分子数加 1。

若 $r_2 \geqslant \dfrac{k_1 X_A}{k_1 X_A + k_2 X_B}$，则发生 B→C 的反应，B 分子数减 1，C 分子数加 1。

（3）回到步骤(2)进行循环，直至达到所需的反应时间或转化率。绘出的 A、B、C 随时间变化的关系图见图 14.3，情况与示意图结果相同。这种处理方法比较严格，但要讲清其道理，会涉及许多问题，篇幅所限，只能省略。但是由此给

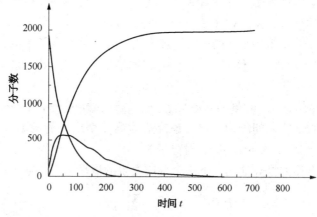

图 14.3　连串反应 A，B，C 各组分分子数随时间的变化

我们一个重要的启发，若较为严格地进行 Monte Carlo 模拟，要涉及许多物理的和数学的问题。在进行研究时，只要有了相应的物理和数学的基础，用 Monte Carlo 法进行模拟本身并不难进行。

14.6　Monte Carlo 方法在高分子科学中的应用

14.6.1　Monte Carlo 模拟与高分子科学

Monte Carlo 模拟与高分子科学结下不解之缘是由于高分子科学本身的特点所决定的。首先是因为在高分子科学中存在着大量可供进行 Monte Carlo 直接模拟的随机性问题。

高分子链一般由大量的重复单元构成，相对分子质量一般在 $10^4 \sim 10^6$ 之间，当采用两种以上单体进行共聚时，还可以形成共聚高分子链，在高分子合成中存在着大量的不确定性问题。由于聚合反应本身的随机性特点，高分子系统内各个成员之间存在着与其生成机理密切相关的特定分布。在研究高分子反应问题时，统计方法是一个有力的工具。这自然也为 Monte Carlo 模拟在高分子反应问题中的研究提供了广阔的天地。

用 Monte Carlo 方法来模拟高分子物理问题有着更深刻的意义。一般高分子链可因热运动而绕其化学链作内旋转，使高分子链的形状不停地发生变化。由于高分子的相对分子质量很大，因而高分子链的构象数也十分大，以至于对单个高分子链的构象统计也成为十分复杂的问题。而且，高分子链的构象或链的形状也强烈地依赖于溶剂性质、温度等环境因素，从而更增加了问题的复杂性。由结构和性质如此复杂的个体所堆砌而成的高分子浓溶液乃至高分子本体的多链体系则具有更复杂、更深刻的统计内涵，同时也给高分子体系的统计理论研究带来了巨大困难。但这恰恰为 Monte Carlo 方法提供了很好的研究对象。

正是由于高分子科学的上述特征，几乎在 Monte Carlo 方法刚诞生时它就在高分子科学中得到了应用。其先驱性工作是 Wall 在 20 世纪 50 年代为研究高分子链的排除体积问题所进行的 Monte Carlo 模拟，对现代高分子科学理论基础的建立和发展起到了十分重要的推动作用。高分子科学所有尚未解决的重大问题一直是 Monte Carlo 模拟研究的热门课题。下面的共聚序列分布的二元共聚 Monte Carlo 计算，是其中的一个例子。

14.6.2　Monte Carlo 方法用于共聚物组成的模拟

考虑具有末端效应的两元共聚反应，末端效应是指只有端点上的单体单元对聚合反应的速率常数有影响。对于两元共聚反应的四种增长反应可记为：

$$\sim\sim M_1^* + M_2 \xrightarrow{k_{12}} \sim\sim M_2^*$$

$$\sim\sim M_2^* + M_1 \xrightarrow{k_{21}} \sim\sim M_1^*$$

$$\sim\sim M_1^* + M_1 \xrightarrow{k_{11}} \sim\sim M_1^*$$

$$\sim\sim M_2^* + M_2 \xrightarrow{k_{22}} \sim\sim M_2^*$$

(14.12)

由此可定义活性比：

$$\gamma_1 = k_{11}/k_{12}, \qquad \gamma_2 = k_{22}/k_{21} \tag{14.13}$$

假定，各速率常数与链长无关，而且引发和终止过程可以忽略（一般当高分子的链长很长时均可认为引发和终止过程的影响可忽略），则由$\sim\sim M_2^*$到$\sim\sim M_1^*$的转变概率可记为：

$$P_{11} = \frac{k_{11}[\sim\sim M_1^*][M_1]}{k_{11}[\sim\sim M_1^*][M_1] + k_{12}[\sim\sim M_1^*][M_2]} = \frac{\gamma_1}{\gamma_1 + [M_2]/[M_1]}$$

(14.14)

这里$[M_1]$表示投料浓度。而由$\sim\sim M_1^*$转变为$\sim\sim M_2^*$的转变概率为：

$$P_{12} = 1 - P_{11} = \frac{\gamma_1}{\gamma_1 + [M_2]/[M_1]} \tag{14.15}$$

同样还有：

$$P_{22} = \frac{\gamma_2}{\gamma_2 + [M_1]/[M_2]} \tag{14.16}$$

$$P_{21} = 1 - P_{22} = \frac{[M_1]/[M_2]}{\gamma_2 + [M_1]/[M_2]} \tag{14.17}$$

有了上述转变概率，Monte Carlo 模拟程序可由如下步骤构成：

(1) 设增长链的第一个单元为$\sim\sim M_i(i=1，2)$，根据$[M_1]$、$[M_2]$和$[\sim\sim M_1^*]$、$[\sim\sim M_2^*]$的浓度可计算活性比γ_1，γ_2和转变概率P_{ij}。

(2) 产生一个单位区间内均匀分布的随机数ξ。

(3) 因$P_{i1}+P_{i2}=1$，故若

$$\xi < P_{i1} \tag{14.18}$$

则在增长链上加上一个M_1单体，并认为其生成了一个M_1^*。若认为单体M_1和M_2的浓度在增长过程中一直保持恒定，则转回步骤(2)继续进行模拟。但若认为单体浓度是可变的，则由于M_i单体消耗了一个分子必须重新计算浓度$[M_i]$（$i=1，2$），然后再回到步骤(1)继续模拟。

若式(14.17)不满足，即$\xi \geq P_{i1}$，则表明发生了$\sim\sim M_1^*$到$\sim\sim M_2^*$的增长反

应。因此，在增长链上加上一个 M_2 单体，并认为增长链的端基已转变为 $\sim\sim M_2^*$。对于恒定浓度的情况，则计算化后的计算再转回步骤(1)。

(4) 上述步骤一直重复，直到达到所需的链长或所需的单体转化率。在模拟过程中可统计各感兴趣的量，如链上 M_1 和 M_2 单体的组成和序列分布。

上述过程只模拟了一条链的情况。为了获得较高的统计精度，可重复多条链后进行平均。

采用上述具有末端效应的两元共聚反应的 Monte Carlo 算法，Moto 等模拟了丙烯酸甲酯(M_1)和氯丙烯(M_2)的共聚反应。设活性比 $\gamma_1 = 0.04$，$\gamma_2 = 3.42$，模拟所得的共聚物组成和三元组的百分数与实验值的比较见表 14.2。结果表明，对于该体系可近似地认为只存在末端基效应。

表 14.2 MMA(M_1)/CP(M_2) 共聚组成和三元组分布的 Monte Carlo 模拟结果与实验结果对比

M_1 的投料摩尔分数	共聚物中的 M_1 摩尔分数		$M_1 M_1 M_1$/%		$M_1 M_2 M_1$/%	
	实验值	M.C 结果	实验值	M.C 结果	实验值	M.C 结果
0.98	0.86±0.02	0.82	92.3	92.0	7.7	8.9
0.97	0.77±0.02	0.75	51.1	87.5	15.9	12.5
0.96	0.71±0.02	0.70	70.6	78.7	29.4	21.2
0.95	0.64±0.02	0.65	64.9	66.2	35.1	33.3
0.93	0.56±0.02	0.59	—	—	—	—
0.90	0.48±0.02	0.51	36.2	29.5	63.8	70.5
0.85	0.40±0.02	0.42	—	—	—	—
0.80	0.34±0.02	0.33	8.8	4.9	91.2	95.1
0.70	0.22±0.02	0.24	—	—	—	—
0.60	0.18±0.02	0.18	—	—	—	—
0.50	0.13±0.02	0.14	—	—	—	—
0.40	0.11±0.02	0.10	—	—	—	—
0.30	0.08±0.02	—	—	—	—	—

参考这种方法我们用 Monte Carlo 方法模拟了醋酸乙烯-丙烯酸丁酯体系(高分子材料科学与工程，1999)，在半连续乳液共聚反应过程中共聚物链段组成的分布，模拟了同种单体的最长链段长度，它可以作为微观相分离程度、微区尺寸大小的判据，模拟结果和文献结果相符。

第 15 章　分形的基础及应用

分形是 20 世纪 70 年代发展起来的用于描述一些不能用传统的欧几里得几何描述的复杂几何图形的一种方法，这些图形的特点是极不规则、分布不均，但在各种放大和缩小的尺度上都有着近乎相似的形状，如天空的浮云、起伏的地面等。

分形是指局部和整体以某一种方式相似，其形状为分形。如冬天看到的雪花，用放大镜看是六角形的，更仔细地看这个六角形又是由很多小的六角形组成的，而小的六角形又是由更小的六角形组成的。但是，不管是大的六角形还是小的六角形，它们是完全相似的，只是在几何尺度上放大或缩小了一些。

分形可以从几何图形上推广到更加一般化的分形，即在功能、信息等其他方面也存在着分形，如在生物中有一种生物全息现象，只要测得一个整体的局部特性，就可以得到总体的信息，从检查人的耳朵上的参数可以知道人体内器官的情况等，这种信息方面的整体和局部关系也可称为分形。广义的分形指局部和整体在在形状上、结构上、功能上、信息等方面的相似性。

在非线性动态系统中，因为奇异吸引子(混沌现象)的存在，使网络的解出现了自相似的情况，因此在混沌情况下，也出现了分形的结构。分形也被应用到化学和化工的相关研究中。

15.1　分形是如何产生的

分形是如何产生的？要想轻易地发现具有自相似性的图像是不太可能的。分形可以通过精细的数学过程产生。那么，怎样找到这样的数学过程呢？在回答这一问题之前，先让我们来考察一下分形的发源地——动态系统。动态系统的研究是数学的一个分枝，它涉及的是算法的重复使用问题。下面由数学上的吸引点和逃离点说明分形是如何产生的。

15.1.1　吸引点和逃离点

首先，我们引出几个基本词汇，用它们可以描述产生分形的算法。考虑一个函数 $f(x)$，若函数 $f(x) = x^2$，给定 x 值后，就可用计数器计算 $f(x)$ 的值了。如果你输入数字 2，然后再敲 x^2 键，那么将得到结果为 4。这时如果再按一下 x^2 键，将得结果为 16，依此类推。这一过程被称为函数复合。$f(x)$ 和它自身的复合记作 $f(f(x))$，继续进行复合迭代可得 $f(f(f(x)))$。对于 f 的复合可进行很多次，对于一些简单函数，只用计算器就可以方便地进行迭代。

继续考虑上面的例子，如果用计算器对函数 x^2 进行足够多次的复合，计算器可能会进入指数表达方式并显示：3.4028 E 38

最后计算器将终止运算并显示：ERROR

这说明计算结果所得数字太大，致使计算器不能表示。这样，可以说用 2 这一点进行 $f(x) = x^2$ 的迭代，其结果是发散的。或者说这一迭代结果趋于无穷大。在某一点上进行迭代而其结果趋于负无穷大的函数也是发散的。例如，从点 $x_0 = 2$ 开始进行 $f(x) = -x^2$ 的迭代，其结果将趋于负无穷大。使迭代发散的点有时称为斥点。由于其发散性，斥点在迭代中被遗弃掉了。

现在考虑起点位于 0 和 1 之间的迭代。比如取 $x_0 = 0.5$，迭代函数仍为 $f(x) = x^2$，将 0.5 输入到计算器里然后按"x^2"键，不断进行数次之后，将会看到其结果越来越小，最后，计算器上将给出一个指数表达式，不过，这一次其指数部分是一个负数，可能是这样一个结果：2.3283E-10

这是一个非常小的数，如果你在计算器上连续不断地按"x^2"键，计算器将会显示出错误（ERROR）指示，但这并不意味着发散，而是说明迭代结果与 0 非常接近，以至于计算器不能再准确地进行函数 X 的运算。在这种情况下，迭代结果将趋于一个孤立的点 0，我们可以将 0 这一点称为 $f(x) = x^2$ 的一个吸引子，也叫做吸引点。因为函数在迭代时将不断靠近这一点。只要开始进行迭代的点位于−1 和+1 之间，则迭代结果都是 0。

还有一些点，在迭代时，既不是吸引点也不是斥点，我们把这些点称为中性点。

我们考察某些迭代函数或迭代几何过程的所有吸引点的集合，当迭代函数或迭代过程的吸引集是一个无限的自相似集时就是一个分形，称这个吸引集是一个奇异吸引子。下面介绍两种产生分形的方法：迭代方法和递推方法。

15.1.2 Sierpinski 三角形

产生分形的一条途径是通过重复地进行某个特殊的几何过程，这类分形叫做迭代函数系统（IFS）。用这种方法可以产生一个有趣的两维分形，即 Sierpinski 三角形。

考虑一个填满东西的三角形，从其中间挖掉一块，这样一来，将原三角形分为 3 个相等的部分，且每一部分的面积是原来的 1/4，对这 3 个三角形再类似于上面的做法各从其中挖去一块, 这样就会得到 9 个三角形, 依此类推, 就可得图 15.1 所示的分形。下面, 我们来看一看怎样用程序来产生 Sierpinski 三角形。

图 15.1　Sierpinski 三角形

产生这种图的一个最容易的办法是生成随机轨道并寻找其吸引点。为了达到这一目的, 需要编一段程序, 选择一个起始点, 将规则作用于起始点上, 并重复一定次数。重复地应用这些规则将会产生一个奇异吸引子, 也就是一个分形。

为了产生一等边 Sierpinski 三角形, 将随机起始点映射到挖掉中心块的大三角形内的另外 3 个三角形。将屏幕的左上角定义为 $(0, 0)$, 如果将 x 轴方向最大坐标值记为 $\max x$, 而将 y 轴方向最大坐标值记为 $\max y$, 则三角形的顶点为:

$$V_1 = (0, \max y)$$

$$V_2 = (\max x/2, 0)$$

$$V_3 = (\max x, \max y)$$

如果随机点位于距大三角形内 3 个小三角形之一的外层顶点一半距离之处, 则这一随机点必在这 3 个三角形之一中, 这一规律同样适用于 3 个小三角形, 并且可依此类推下去。寻找相对外层顶点的中间点, 可按图 15.2 所示规则进行:

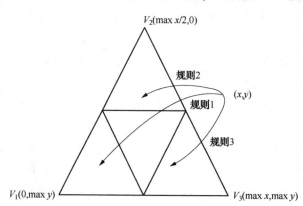

图 15.2　Sierpinski 三角形影射过程的顶点

规则 1: $(x', y') = (x/2, (\max y+y)/2)$

这条规则将找到位于点 (x, y) 和顶点 V_1 之间的中间点。

规则 2: $(x', y') = (\max y/2+x, y/2)$

使用规则 2 可找到位于点 (x, y) 和顶点 V_2 之间的中间点。

规则 3: $(x', y') = ((\max y+x)/2+x, (\max y+y)/2)$

运用规则 3 可以找到位于点 (x, y) 和顶点 V_3 之间的中间点。

如果继续将这些规则作用于刚刚得到的坐标点,将会得到 Sierpinski 三角形内越来越密集的点。

用类似的方法还可产生另一种分形:Sierpinski 垫圈或 Sierpinski 地毯。过程如下:从一个正方行做起,将它按面积分为 9 个相等的小正方形,将处在中间位置的一个去掉,对剩下的 8 个小正方形照此做下去,即可产生 Sierpinski 地毯。

15.1.3 分形的递推产生

很多分形是通过无限多次(或有限次,但次数非常大)使用某一过程来产生的,Sierpinski 三角形或 Sierpinski 地毯就是通过重复几何过程而进行随机函数的迭代来产生的。还有另一类使用几何过程来产生分形的方法,那就是,将几何过程进行编码使之变为递归的形式,或递推的形式。

在数学上,递归意味着一种递推,而这种递推是通过函数的递推定义来实现的。例如在第 6 章中单因素优选时使用的菲波拉齐(Fibonacci),就用到了。首先令 $f(0) = 0$,$f(1) = 1$ 是这一序列的头两个数,那么第 n 个数 $f(n)$ 就是:
$f(n) = f(n-1) + f(n-2)$

可以看出,第 n 个数就是它前面的两个数的和,因此,可以给出 Fibonacci 序列的前面一些数为;

    0　1　1　2　3　5　8　…

那么,序列中的第 23 个数即 $f(23)$ 是多少呢?当然它就是 $f(22) + f(21)$,但是 $f(22)$ 和 $f(21)$ 又是多少呢?这样一来,为了找出 $f(23)$,就必须进行很多类似的计算。还有一种令人兴奋的办法就是我们可以找到 $f(23)$ 或 $f(n)$ 的通解。对于 Fibonacci 序列,当 $n \geq 0$ 时,有

$$f(n) = \frac{\sqrt{5}}{5}\left(\frac{1 + \sqrt{5}}{2}\right)^n - \frac{\sqrt{5}}{5}\left(\frac{1 - \sqrt{5}}{2}\right)^n \tag{15.1}$$

这样,只需将 $n = 23$ 代入上式,即得 $f(23) = 28657$。

当递推地对实数轴上一段进行下述处理时,将产生一种分形,去掉实数轴上一段的中间 1/3 部分,接下来各去掉所剩两部分的中间 1/3 部分,并依此类推下来。这一过程称为 Cantor middle third argument。它是由 19 世纪后期的数学家 Cantor 提出的,具有非常重要的意义。无限多次进行上述过程,将得到图 15.3 所示的结果,有时将这一结果称为 Cantor 集,它是一维 Euclidian 空间上的一个分形。如果仔细观察图 15.3,会发现它具有无限的自相似性。

无穷多次进行 Cantor 过程后,会看到一件非常奇怪的事——你并没有将这一段实数轴全部挖掉,事实上,将有无穷多个线段被留下,但如果将它们连在一

图 15.3　Cantor 集的构成

起，其长度将为零！正规情况下，一条线段被说成是一维的，但是 Cantor 集却根本不是一条线段，而是无穷个不相连的小线段之集合，那么 Cantor 集的分数维是多少呢？

还有 Sierpinski 三角形或 Sierpinski 地毯，都以两维的形式呈现在我们面前，但由于它们不是实心的，因此它们的分数维应该小于二维，那么，它们的分数维究竟是多少呢？

15.2　分形的维数

在传统的欧氏几何里，描述多维空间的维数都是整数的，确定一个几何体上某一点的位置要有一个整数维 D 作为其坐标，如对线段是用一个一维空间来描述，平面的几何图形是用二维空间来描述，立体的则用三维空间来描述。在状态空间里我们用 n 维的状态矢量来描述，n 是一个整数。如果考虑一个两维空间的方形几何体，当每一条边放大 L 倍，如果所得面积放大 k 倍，则有 $k=L^2$。同样，在 n 维空间，每一个分量放大 L 倍，其超立方体体积为 $k=L^n$，那么对于整数维 D 来说，可用 $k=L^D$ 来表示，$D=\lg k/\lg L$，L 为几何体在一个方向上放大的尺度，k 为放大以后的面积或体积。

分形是指局部和整体以某一种方式相似，其形状为分形。用一个维数 D_F 来表示这种形状的特征，用 N 表示在一个几何图形上的相似形数目与比它小一号的相似形数目之比，用 r 表示在某一方向上其两个不同尺度的比，r 为缩小的倍数，那么维数 D_F 可定义为：

$$D_F = \frac{\lg N}{\lg \dfrac{1}{r}} \tag{15.2}$$

D_F 一般不是整数，D_F 是分数维，有时称为分维。在分形的情况下，可得到的维数 D_F 必是分数维。即：

$$D_F = \lg(\text{自相似片数})/\lg(\text{放大率})$$

现在来看 Cantor 集，由于它是通过去掉一段直线的中间 1/3 部分而产生的，所以是以放大率 3 来产生 2 个自相似部分，因此其分形维数是：

$$D_F = \lg(2)/\lg(3) = 0.63\cdots$$

对于 Sierpinski 三角形，总是由 2 个生出 3 个自相似的部分，所以其分形维数为：

$$D_F = \lg(3)/\lg(2) = 1.58\cdots$$

最后需要说明的是，分形是通过分离吸引子和排斥子产生的，我们可以通过实轴上的或笛卡尔平面上描绘点图来产生黑白分形图像（吸引子用一种颜色，而排斥子用另一种颜色）。也可通过跟踪吸引子吸引的速度和排斥子排斥的速度，并画出它们的比例带（用不同的颜色）来产生彩色漂亮的分形。

下面介绍两个分形的具体应用。

15.3   分形与人口动力学

在研究人口动力学中你会看到自然中的混沌现象，特别是在食肉动物与被捕食动物的关系中。尽管所使用的模型必须简单，但它们仍然很好地揭示了作为食物链中一小部分的动物之间的相互关系。

例如，假设一个生态学家正在研究加拿大一个岛屿上驯鹿的种群量，其种群量由于拥挤、疾病和缺少食物因而不稳定。该生态学家提出引进些狼到该岛上，帮助稳定种群量。

让我们来建立这一系统的模型，并看看为什么它是高度不稳定的。用 Caribou(t) 和 wolf(t) 分别表示驯鹿和狼在 t 时刻的数量，用 $caribou_b$ 表示驯鹿的出生率。如果食物、空间和其他的资源都充足而没有限制，那么，驯鹿的出生率减去死亡率是正数。在没有食肉动物的情况下，驯鹿种群量的增长速率为：

$$\text{growth}(t) = caribou_b \cdot caribou(t) \tag{15.3}$$

由于被狼捕食所带来的驯鹿的死亡率依赖于狼与驯鹿遭遇的次数 K，且假设该死亡率与驯鹿的数量成正比：

$$\text{death}(t) = K \cdot caribou(t) \cdot wolf(t) \tag{15.4}$$

那么，决定驯鹿种群量的方程为：

$$caribou(t+1) = caribou(t) + \text{growth}(t) - \text{death}(t) \tag{15.5}$$

为简化该模型，假设每一只驯鹿的死亡将导致一只狼的出生。这只是意味着通过这种方式狼的种群量得以增长。然而，受死亡率 $wolf_d$ 的影响，狼种群量为：

$$wolf(t+1) = wolf(t) + K \cdot caribou(t) \cdot wolf(t) - wolf_d \cdot wolf(t) \tag{15.6}$$

我们已经将其建立成一个离散仿真模型，这意味着我们已经用一个有限差分方程来建立它的模型。我们或许能建立一个连续仿真模型，但这需要采用微分方程，而解微分方程的程序非常复杂。

通过正确地选择食肉动物和被捕食动物的种群量、出生率和死亡率，该系统将显示出这两种动物的稳定的振荡。否则，该系统将变得不稳定（混沌），结果将导致狼的绝种或两个种群的绝种。

可以发现我们这个小的食肉动物—被捕食动物系统对初始的种群量不太敏感。但是，它对死亡率、接触率 K 非常敏感。

例如，图 15.4 描述了具有以下参量的 1000 个月内的种群量。

① 初始驯鹿种群量，$\text{caribou}(0) = 10000$

② 初始狼种群量，$\text{wolf}(0) = 1500$

③ 驯鹿的出生率，$\text{carbou}_b = 0.01$

④ 狼的死亡率，$\text{wolf}_d = 0.05$

⑤ 接触死亡率，$K = 0.000006$

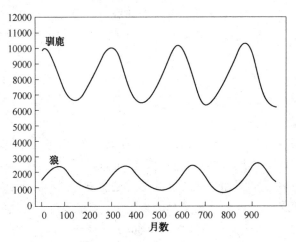

图 15.4　驯鹿–狼系统的种群量动力学（$K = 0.000006$）

试着用这些值运行程序，注意这是一个多么稳定的系统。当驯鹿种群量太大时，狼种群量迅速增大，然后保持控制状态；当驯鹿种群量下降时，狼种群量跟着迅速下降。

可是，如果你改变参数 K，即接触死亡率，即使只是稍微地改变为 $K = 0.00001$，将产生图 15.5 所示的种群量轨迹。试用这些值运行程序，注意两个种群量的涨落多么大，而且，有几次狼种群量危险地接近绝种。

最后，当参数 $K = 0.000014$ 时，系统完全不稳定。驯鹿的初始种群很快被大批杀死，导致狼的减少，当驯鹿种群量进一步下降时，狼将最终绝种。运行程

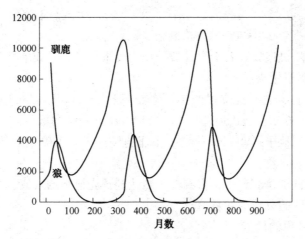

图 15.5　驯鹿-狼系统的种群量动力学($K=0.00001$)

序，并选择初始条件和各种参数进行试验可以判断它们中的哪一个因素导致不稳定性。

15.4　催化剂表面分形的生成过程及其吸附行为

在催化研究中，长期以来人们都认为被催化剂表面吸附的分子处于二维空间，近年来越来越多的研究表明：催化剂颗粒是一个分形体，它的表面是不规则的，具有分数维特征。不仅疏松的衬底和分布在其上的金属小颗粒作为催化物质的表面可以用分维表征，而且作为在催化作用中起主要作用的颗粒的亚微结构也具有分形特征，反应前后，催化物质几何构型的改变，可以通过测定分数维来研究。催化剂表面的分数维与它的催化特性有密切的联系，研究表明分形介质中进行的扩散和反应都与表面分数维有关。实际上要确定一个表面的分数维，往往要测定不同大小的吸附质在该表面的吸附量。这本身就需要相当大的工作量，要从实验上研究表面分维与其催化特性之间的关系，所需的工作量就更大。因此，国内外许多学者都用计算机模拟了分形体的形成过程，尤其是对凝聚过程的模拟。

下面介绍一种在计算机上快速生成分形表面的 Monte Carlo 方法，并模拟分形表面上气体分子的吸附过程。分数维可根据文献，利用密度相关函数方法计算得到。

模拟方法：模拟是在一个 200×200 的二维方格网络上进行的，模拟中使用了大量(0，1)区间内的随机数。

（1）分形表面的模拟

在下面的模型中，分形表面的生成过程是一个随机生长的过程。模拟的主要步骤为：

① 先产生一个 200×200 的方格网络平面。

② 在格中随机地放置若干个种粒子作为凝聚的核心，如果种粒子数为 1，则把种粒子放在网格中央。

③ 在网格上某个随机位置产生一个布朗粒子，从该位置开始作随机运动，在上下左右四个方向上随机地选择一个方向并移动一个网格单位。

④ 如果布朗粒子运动到和种粒子相邻的格点上，则停止运动并成为凝聚体的一部分。

⑤ 重复进行步骤③和④，直到粒子数达到预先设定的数值。

⑥ 计算表面的分数维的数值。

（2）吸附过程的模拟

吸附过程的模拟是在前面分形表面的基础上进行的。气体分子依次被引入到网格上空着的格点上开始向四个方向随机扩散。具体步骤为：

① 在网格上随机地选择一个格点，判断该点是否有粒子存在，若该点已被占据则重新选择一个格点。

② 气体分子从该点开始作随机运动，每次游动一个网格单位。

③ 如果运动分子碰上组成表面的粒子，则发生吸附。如果碰上的是已被吸附的气体分子，则判断其相邻的其余 3 个格点，若至少还有 1 个格点被占据，无论是被气体分子还是被组成表面的粒子占据，则都能被吸附，否则返回步骤①，重新引入下一个气体分子。

④满足所设定的条件时，终止运行。

（3）模拟结果

① 分形表面及其分数维的数值：令种粒子数 N_s 为 1，放置在网格的中央，模拟 3600 个粒子凝聚形成的表面，如图 15.6 所示。利用文献方法计算不同 r 时的密度相关函数 $C(r)$，进一步得到分数维为 1.72。

增加种粒子数目，不仅能显著地节省计算时间，而且得到的表面能更好地反映实际的催化表面。图 15.7 是种粒子数为 50 时，由 15000 个粒子凝聚而成的表面，其分数维为 1.82。

② 分形表面上的吸附行为：通过在分形方面上气体分子吸附行为的模拟，可以发现，气体分子优先在表面上形成单分子层，如图 15.8 模拟的吸附过程，其吸附曲线类似 Langmuir 曲线，如图 15.9。

在催化科学中，分形是一个崭新的概念，有关催化剂表面分形对吸附、反应的研究才刚刚起步。以上的模拟工作表明，表面分数维是质量在二维空间分布的一种定量描述，也是表征表面结构的一种有效方法，这种分维数进一步可与表面

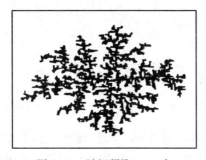

图 15.6　随机凝聚 3600 个
粒子的方格网络
（$N_S = 1$，$N = 3600$）

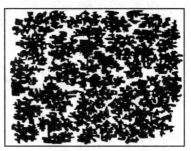

图 15.7　包含 15000 个
粒子的分形表面
（$N_S = 50$，$N = 15000$）

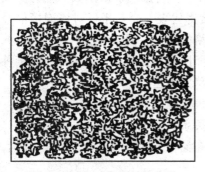

图 15.8　图 15.7 所示的分形
表面的吸附层结构

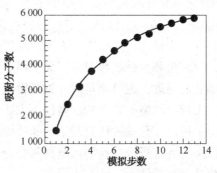

图 15.9　吸附曲线图

吸附、反应等参数相联系，可望在催化剂表面设计与化学体匹配之间建立一种有效的关联。由于实际上制备分形体时无法预知其分维数，可以料想，计算机模拟将会在这方面的研究中扮演一个非常重要的角色。

第 16 章　人工神经网络

人工神经网络(Artificial Neural Network，即 ANN)，是 20 世纪 80 年代以来人工智能领域兴起的研究热点。它从信息处理角度对人脑神经元网络进行抽象，建立某种简单模型，按不同的连接方式组成不同的网络。在工程与学术界也常直接简称为神经网络或类神经网络。神经网络是一种运算模型，由大量的节点(或称神经元)之间相互联接构成。每个节点代表一种特定的输出函数，称为激励函数(activation function)。每两个节点间的连接都代表一个对于通过该连接信号的加权值，称之为权重，这相当于人工神经网络的记忆。网络的输出则依网络的连接方式、权重值和激励函数的不同而不同。而网络自身通常都是对自然界某种算法或者函数的逼近，也可能是对一种逻辑策略的表达。

人工神经网络的特点和优越性，主要表现在以下几个方面：

(1) 可以充分逼近任意复杂的非线性关系。

(2) 所有定量或定性的信息都等势分布储存于网络内的各神经元，故有很强的鲁棒性和容错性。

(3) 采用并行分布处理方法，使得快速进行大量运算成为可能。

(4) 可学习和自适应不知道或不确定的系统。

(5) 能够同时处理定量、定性知识。

最近十多年来，人工神经网络的研究工作不断深入，已经取得了很大的进展，其在模式识别、智能机器人、自动控制、预测估计、生物、医学、经济等领域已成功地解决了许多现代计算机难以解决的实际问题，表现出了良好的智能特性。

人工神经网络来源于对人脑实际神经网络的模拟，下面首先来简略地考察一下生物神经组织的结构和功能。

16.1　神经组织的基本特征

图 16.1 是一个神经细胞的示意图，神经细胞下面简称为神经元。细胞核所在部位为细胞体，从细胞体核状延伸出许多神经纤维，其中最长的一条称为轴突，它的末端化为许多细小的分支，称为神经末梢。从细胞体出发的其他树状分

枝称为树突，一个细胞通过轴突与其他细胞的树突相连传递信号。所以，树突为细胞的输入，轴突为细胞的输出。神经末梢与树突的接触界面称为突触。

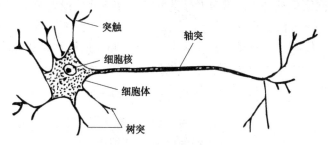

图 16.1　神经细胞示意图

因此，就功能而言，细胞体可以视为一个初等信号处理器。当信号从一个神经元经过突触传递到另一个细胞体，可以产生两个效果：接受信号的细胞电位升高或者降低。当细胞体内的电位超过某一阈值时，则信号被激发，它也会通过轴突传出一个有固定强度的持续时间的脉冲信号传给下游神经末梢，此时该细胞称为激发态。当细胞体内电位低于某一阈值时，不产生任何信号输入，处于抑制状态。

大体上说，一个神经元有 10^4 量级的输入通道，大致也有同样数量级的下游神经元与之相联。每几千个彼此稠密联接的神经元构成一个集合体，而大脑皮层则有许许多多的这样的集合体像瓷砖一样拼接而成，有人称之为"马赛克"结构。

由处在激发态的神经细胞所产生的脉冲信号，通过神经末梢传递给下游的每一个与之相连的神经元，但对于不同的下游神经元，信号所引起的电位变化是不同的。不同神经元间有不同的作用强度或称为联结强度。在发送完一个脉冲之后，神经元需要一段时间的恢复，在这段时间内，无论其接受的信号有多强也不产生脉冲输出。

神经元之间信号传输效能不是一成不变的。如果神经元 A 不断地向 B 传递信号，B 在接受信号后又不断地被激发，那么由 A 发出同样的信号，对 B 电位的影响将逐渐加强，就是 A 和 B 之间的联结强度将逐渐加强。这一性质可以表述为：两神经元之间的联结强度，随其激发与抑制相关性时间的平均值正比变化。这就是生物学上所说的 Hebb 定律。

一个神经元把来自不同树突兴奋(激发)性或抑制性信号累加求和的过程称为整合。它是一种时空整合。下面来看一看，如何构造一个人工神经网络，使其具有如上描述的生物神经组织的基本特点。

16.2　人工神经元的 M-P 模型

从具体的一个神经元来说，就是要建立一个数学模型，描述对输入讯号的整合输出过程。从全局来看，多个神经元构成一个网络，必须给出如下三方面的要素：

① 对单个人工神经给出某种形式定义；

② 决定网络中神经元的数量及彼此间的联结方式，或者说，定义网络结构；

③ 给出一种方法，决定元与元之间的联结强度，使网络具有某种预定功能。

1943 年，仿照人工神经元的基本特征，McCulloch 和 Pitts 提出了历史上第一个神经元模型，称为 M-P 模型。这一模型形式上表示为：

$$S_i(t+1) = \theta \big[\sum_i W_{ij} S_j(t) - \mu_i \big] \tag{16.1}$$

$$\begin{cases} \theta(x) = 1 & x \geqslant 0 \\ \theta(x) = 0 & \text{其他} \end{cases} \tag{16.2}$$

其中，t 表示时间，它只取离散值，两个持续时间间隔为一个时间单位。$S_i(t)$ 表示第 i 个神经元在 t 时刻所处的状态，$S_i(t)=1$ 表示处于激发态，$S_i(t)=0$ 表示处于抑制态。由于 $\theta(x)$ 的函数形式，每个神经元只有两个状态。W_{ij} 是一个实数，刻画 j 个元到 i 个元的联结强度，称之为权，其值可正可负。$\sum W_{ij} S_j(t)$ 表示第 i 个神经元在 t 时刻收到信号的线形叠加。μ_i 是元 i 的阈值，当元 i 的输入讯号加权和超过 μ_i 时，元才会被激发。在此模型中，μ_i 可以并入权中，得到简化。图 16.2 是 M-P 模型的示意图。

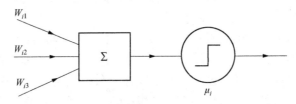

图 16.2　M-P 模型的示意图

由此可见，M-P 模型已经捕捉到了神经元细胞的一个最基本的特征，即输入与输出之间的非线性关系，这当然不是指其具体函数形式。就功能上说，它已构成一个强有力的元件。由这样的一些人工神经元组成的网络，如不强调速度和方便，可以像一台普通数字计算机一样，完成任何计算。

16.3　多层前传网络的向后传播算法——B-P 算法

单个处理单元可以执行简单的功能，更强的识别处理能力却来自多个结点"连成"的网络，也就是人工神经网络。最简单的网络是把一组几个结点形成一层，如图 16.3 所示。在图 16.3 中，左边的黑色圆点只起着分配输入信号的作用，没有计算作用，所以不看作网络的一层，右边用圆圈表示的一组结点则被看作一层。输入信号可表示为行向量 $X = (x_1, x_3, \cdots, x_n)$，其中每一分量通过加权连接到各结点。每一结点均可产生一个输入的加权和。一般而言，大而复杂的网络能提供更强的计算能力。虽然目前已构成了很多模型，但它们的结点都是按层排列的，这一点正是模仿了大脑皮层中的网络模块。构成多层网络，只要将单层网络进行级联就可以了，即一层的输出作为下一层的输入。图 16.4 是两层人工神经网络。

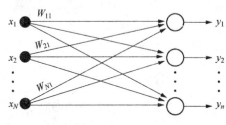

图 16.3　单层人工神经网络　　　图 16.4　两层人工神经网络

对于一个多层网络，如何求得一组恰当的权值，使网络具有特定的功能，在很长一段时间内，曾经是使研究工作者感到困难的一个问题。直到 1985 年，美国加州大学的一个研究小组提出了多层前传网络的向后传播算法（Back-Propagation），使问题有了重大进展。下面介绍这一算法。

人工神经网络含有若干个信息输入和一个输出，并含有一个称之为激活函数的计算单元。典型的激活函数有 Sigmoid 函数、双曲正切函数、线性函数、阶跃函数等（图 16.5），其中 Sigmoid 函数构成的人工神经网络结构较为复杂，但 Sigmoid 函数是递增的，它的导数不为零，因此比其他几种激励函数有更好的特性。Sigmoid 函数在 BP 学习中是一个强有力的工具。

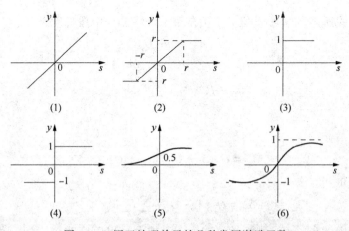

图 16.5　用于处理单元的几种常用激励函数

（1）线性函数；（2）斜坡函数；（3）阶跃函数；（4）符号函数；（5）Simoid 函数；（6）双曲正切函数

通常，人们选取 Sigmoid 函数作为神经元激活函数，函数形式为：

$$f(x) = \frac{1}{1 + e^{-x}} \tag{16.3}$$

如图 16.4 所示，结点输入输出的关系为：

$$y = f(\sum W_i x_i - \theta) \tag{16.4}$$

式中，x_1、x_2、$x_3 \cdots$ 为输入向量；W_1、W_2、$W_3 \cdots$ 为输入的连接强度，又称权值；y 为输出；θ 为阈值；$f(\cdot)$ 为激活函数，一般取 Sigmoid 函数。

对于 m 个输入、n 个输出的前向网络，表达式为：

$$y_j = f(\sum_{i=1}^{m} W_{ji} x_i + \theta_j), \quad (j = 1, 2, \cdots, n) \tag{16.5}$$

前向神经网络的学习或者训练是指通过某种算法调整网络中的参数（即权值 W_{ji} 和结点阈值 θ_j）使网络的输入输出映射 $x \rightarrow y$ 逼近某一指定的映射 $x \rightarrow y$。指定映射 $x \rightarrow y$ 是通过若干实例或称训练样本来体现的，每个训练样本是一个输入输出对 (I, T)，其中 I 为 m 维输入向量，T 为 n 维输出向量（称为目标函数或理想输出）。

网络学习时不断将网络输出与目标输出作比较，并按一定的学习算法修正网络的连接权和阈值，直到所有的训练样本的网络输出与目标输出在一定误差范围之内。

B-P 算法定理：对于具有隐层的多层前向神经网络，当神经元结点激活函数为单输入可微非递减函数，且目标函数取

$$J = \sum_{p=1}^{P} J_p, \quad J_p = \frac{1}{2} \sum_{j=1}^{n} (t_{pj} - O_{pj})^2 \tag{16.6}$$

时，下列三式所述的学习规则将使 J 在每个训练循环中按梯度下降：

$$\Delta_P W_{ji} = \eta \delta_{Pj} O_{Pj} \tag{16.7}$$

$$\delta_{Pj} = (t_{Pj} - O_{Pj}) f(Net_{Pj}) \tag{16.8}$$

$$\delta_{Pj} = f(Net_{Pj}) \sum_k \delta_{Pk} W_{kj} \tag{16.9}$$

证明从略。

对输出单元：

$$\delta_{pj} = O_{pj}(1 - O_{pj})(t_{pj} - O_{pj}) \tag{16.10}$$

对输入单元：

$$\delta_{pj} = O_{pj}(1 - O_{pj}) \sum_k \delta_{pk} W_{kj} \tag{16.11}$$

梯度搜索的步长 η，称为学习速率。η 越大，权值修改越剧烈。通常按这样的法则选取 η，即在不导致振荡的前提下尽可能取较大的 η。为使 η 足够大而又

不易产生振荡，常在式中再加一项"惯性项"（momentum item），即：

$$\Delta W_{ji}(t+1) = \eta \delta_{Pj} O_{Pi} + \alpha \Delta W_{ji}(t) \tag{16.12}$$

式中，α 为一常数，它决定过去的权值变化对当前权值变化的影响的大小。

下面给出的 B-P 算法是在假定网络为多层前向神经网络，网络激活函数为 Sigmoid 函数时给出的，并且阈值 θ 也作同样的训练。

算法步骤如下：

（1）置各个权值和阈值的初始值 $W_{jk}^{(0)}$ 和 $\theta_j^{(0)}$ 为小的随机数。

（2）提供训练的学习样本：输入向量 $I_p(p=1，2，\cdots，P)$ 和目标向量 $T_p(p=1，2，\cdots，P)$。对每个 p 进行步骤（3）至（5）的运算。

（3）计算网络实际输出及各隐单元的状态：

$$O_{pj} = f(Net_{pj}) = f(\sum W_{ji} O_i + \theta_j)$$

$$Net_{pj} = \sum_k W_{jk} O_{pk}，\ f(x) = \frac{1}{1+e^{-x}}$$

（4）计算训练误差：

$$\delta_{pj} = O_{pj}(1 - O_{pj})(t_{pj} - O_{pj}) \qquad （输出层）$$

$$\delta_{pj} = O_{pj}(1 - O_{pj})\sum_k \delta_{pk} W_{kj} \qquad （隐含层）$$

（5）修正权值和阈值：

$$W_{ji}^{(i+1)} = W_{ji}^{(i)} + \eta \delta_j O_{pi} + \alpha(W_{ji}^{(i)} - W_{ji}^{(i-1)})$$

$$\theta_{ji}^{(i+1)} = \theta_{ji}^{(i)} + \eta \delta_j + \alpha(\theta_{ji}^{(i)} - \theta_{ji}^{(i-1)})$$

（6）当对每个例子循环一次后判断指标是否满足精度要求，指标可取 $J < \varepsilon$（ε 为一小正数），满足则停止训练，否则转（2）继续下一循环。

下面举一实例说明 B-P 算法的应用。

16.4　蠓虫分类的应用实例

蠓虫被分为两类，A_f 和 A_{pf}，特点是翼长和触角长不同，但又无简单的判据，实例为：

A_f 触角长（mm）　1.56　1.54　1.48　1.40　1.38　1.38　1.38　1.36　1.24

　　翼长（mm）　2.08　1.82　1.82　1.70　1.64　1.82　1.90　1.74　1.72

A_{pf} 触角长（mm）　1.30　1.28　1.26　1.20　1.18　1.14

　　翼长（mm）　1.96　2.00　2.00　1.86　1.96　1.78

以翼长（y）、触角长（x）画在平面图 16.6 上，有规律又无法用简明的数学式表达。要求据此判断下面三个样本是哪一类型蠓虫。

触角长 x(mm)	1.24	1.28	1.40
翼长 y(mm)	1.80	1.84	2.04

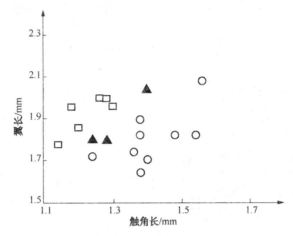

图 16.6　蠓虫触角长和翼长的图形表示

○ A_f 类蠓虫；□ A_{pf} 类蠓虫；▲ 待判定类型蠓虫

这 3 个点正处在两个区间的中间，数学方程式无法判断，为此用人工神经网络判断。输入信号为 x，y。但要求取值都在 0，1 之间。由于 x，y 均在 1.1~2.1，所有数都减去 1.1，归一化就完成了。

处理的基本思路是：自 15 个已知样品中找出规律，将此规律用于处理 3 个未确认的样本。

解决实际问题时要根据具体情况确定隐含层的层数和输入层、隐含层、输出层各自的结点数，以使构成的网络达到最优效果。本例中，隐含层取 1，输入结点数为 2，分别代表触角与翼长；中间隐含层的结点数取 3 个就够了。输出的结点数取 2，设 A_f 样品的输出是(1，0)；A_{pf} 的输出是(0，1)时为理想输出。结构见图 16.7。

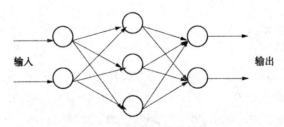

图 16.7　神经网络的结构

由 15 个已知样品进行训练，选出合适的权值。对于任一未知样品，输出元后，和靠近(1，0)还是靠近(0，1)对比，就可以判断其归属了。

16.5 人工神经网络在化学化工中的应用

有关人工神经网络在化学化工方面应用的研究在 20 世纪 80 年代后才有报道。主要有 5 个方面，即谱图分析、结构与性质预测、信号处理、过程控制和故障诊断、化学反应产物估计等。下面举出几个应用实例。

（1）热力学参数预测实例

常沸点汽化热指的是一个大气压下物质的沸点 T_b 下自液态变为气态的汽化热 ΔH_{vb}。通常认为 ΔH_{vb} 是临界温度 T_c、临界压力 p_c 和常沸点 T_b 的函数。比较好的关联式是 Giacalone 类型的方程式：

$$\Delta H_{vb} = RTC\left(\frac{T_b}{T_c}\right)\frac{\ln p_c}{1-\left(\dfrac{T_b}{T_c}\right)}$$

为了提高预测的精度，有人采用了人工神经网络的方法，输入节点有 3 个，即 T_b、T_c、p_c，输出节点只有一个，ΔH_{vb}，隐含层单元有 2 个。搜集了 4 类(一般碳氢化合物、芳烃、一般极性化合物和强极性化合物)293 个样本作为训练集，将训练给出的 ΔH_{vb} 值与实验值的误差进行计算，并与 Giacalone 式计算结果的误差进行比较，见表 16.1。

表 16.1 训练集内误差比较

类 别	一般碳氢化合物 （烷、烯、环、炔）	芳 烃	一般极性化合物 （卤代、硫代、醛 酸、酯、含氮，氧）	强极性化合物 （醇、酸）
样本数	127	24	107	35
神经网络计算平均误差/%	1.04	0.96	1.66	1.82
Giacalone 式计算误差/%	2.94	2.42	2.51	10.89

从神经网络看，这个计算可能是最简单的网络结构了。但从计算结果看，明显比 Giacalone 方程的要好。用此网络对 56 个未训练样本预测，平均误差为1.51%，其中大于 3%的有 6 种化合物，大于 5%的化合物数为 0。因此人工神经网络的优势已经显现出来了。

有人用相对分子质量、常沸点、临界温度、偏心因子 4 个输入单元，3 个隐含层单元，同时预测临界压力 p_c 和临界体积 V_c，也取得了良好的效果。这是两个输出单元的运算。还有人对 p_c、T_c、V_c 3 种物性同时预测，3 个输出单元，也取得了满意效果。

（2）催化剂设计研究实例

CO_2 的温室效应引起了全球的关注，用 CO_2 作为化工原料加氢合成 CO、烃、甲醇及多元醇是利用 CO_2 作化工原料以消除 CO_2 的一种途径。我们实验室搜集了文献中 70 组实验数据，用一种按周期表编号的方法，输入主催化剂、助催化剂（A，B）、载体、温度、压力、空速，H_2/CO_2 比值 8 个输入单元，9 个隐含层，CO_2 转化率、甲烷选择性、甲醇选择性、CO 选择性、低碳烃选择性 5 个输出单元，编成了人工神经网络，可以比较好地概括文献实验结果并对催化剂成分反应条件进行预测，得到了较好的效果。由于这个网络比较复杂，在此不详细介绍。

（3）化学反应动力学研究实例

在化学反应的势能面构造中，可采用人工神经网络函数拟合方法。正如前言所说，神经网络汉化即是人工智能的一种实现方式，也是一种通用型的拟合方法。其形式多种多样，如卷积神经网络、递归神经网络等，在人工智能、机器学习以及化学计量学等不同领域都有很广泛的应用。在化学计算领域，1995 年 Blank 首次将神经网络方法应用于化学反应势能面的构造中，至今 20 多年的时间里，神经网络已经被广泛用于势能面的构造中。1995 年 Blank 将神经网络应用于化学反应势能面的构造，构造了 H_2 分子在 Si 表面以及 CO 分子在 Ni 表面上的势能面，但拟合精度不高。1996 年 Clary 利用神经网络方法拟合了两个分子间的范德华相互作用，并用蒙特卡洛（MC）方法计算了振动转能级。1998 年 Gassner 等用神经网络方法描述了 $H_2O-Al_3+—H_2O$ 三体间的相互作用力，不过拟合精度仍然很低。Agrafiotis 等使用多个神经网络拟合平均的方式，有效地降低了随机误差。Raff 与 Hagan 等发展了一系列的方法，包括同时使用能量和能量的导数来拟合的方法，构造了一系列三原子和四原子的气相体系的势能面。Manzhos 等采用两层神经网络的方案，先用较小的神经网络拟合整体势能面，再用较大的神经网络将剩余误差进行拟合，进一步提高了拟合精度，对于一些测试体系，能使拟合误差降低到几个 meV 的量级。Behler 等发展了多种形式的神经网络函数以及坐标的对称化方法，成功构建了一些分子与金属表面相互作用的势能面。近几年，用神经网络方法构造势能面的方法也被应用到包含几十个原子的团簇，甚至包含几百个原子的纳米粒子等相当大的体系中。

16.6 人工神经网络的研究方向和发展趋势

（1）研究方向

人工神经网络的研究可以分为理论研究和应用研究两大方面。

理论研究可分为以下两类：

① 利用神经生理与认知科学研究人类思维以及智能机理。

② 利用神经基础理论的研究成果，用数理方法探索功能更加完善、性能更加优越的神经网络模型，深入研究网络算法和性能，如：稳定性、收敛性、容错性、鲁棒性等；开发新的网络数理理论，如：神经网络动力学、非线性神经场等。

应用研究可分为以下两类：

① 神经网络的软件模拟和硬件实现的研究。

② 神经网络在各个领域中应用的研究，这些领域主要包括：模式识别、信号处理、知识工程、专家系统、优化组合、机器人控制等。随着神经网络理论本身以及相关理论、相关技术的不断发展，神经网络的应用定将更加深入。

（2）发展趋势

人工神经网络特有的非线性适应性信息处理能力，克服了传统人工智能方法对于直觉，如模式、语音识别、非结构化信息处理方面的缺陷，使之在神经专家系统、模式识别、智能控制、组合优化、预测等领域得到成功应用。人工神经网络与其他传统方法相结合，将推动人工智能和信息处理技术不断发展。近年来，人工神经网络正向模拟人类认知的道路上更加深入发展，与模糊系统、遗传算法、进化机制等结合，形成计算智能，成为人工智能的一个重要方向，将在实际应用中得到发展。将信息几何应用于人工神经网络的研究，为人工神经网络的理论研究开辟了新的途径。神经计算机的研究发展很快，已有产品进入市场。光电结合的神经计算机为人工神经网络的发展提供了良好条件。

神经网络在很多领域已得到了很好的应用，但其需要研究的方面还很多。其中，具有分布存储、并行处理、自学习、自组织以及非线性映射等优点的神经网络与其他技术的结合以及由此而来的混合方法和混合系统，已经成为一大研究热点。由于其他方法也有它们各自的优点，所以将神经网络与其他方法相结合，取长补短，继而可以获得更好的应用效果。目前这方面工作有神经网络与模糊逻辑、专家系统、遗传算法、小波分析、混沌、粗集理论、分形理论、证据理论和灰色系统等的融合。

第 17 章 数据挖掘与人工智能

17.1 数据挖掘的概念

随着互联网，特别是物联网的快速发展，海量的数据从我们日常生活的每个角落源源不断地涌出，这就是众所周知的大数据时代的诞生。数据的爆炸性增长激起对新的数据处理技术和自动分析工具的强烈需求，这导致一个称作数据挖掘（Data Mining Technology）的计算机学科前沿技术的产生。数据挖掘又称为数据库中的知识发现（Knowledge Discovery in Database，KDD），它是从大量的、模糊的、不完全的、有噪声的随机数据中提取隐含在其中的人们事先不知道的，但又具有潜在价值的信息的过程。利用数据挖掘可以自动地将海量数据转换成有用的信息和知识，最终帮助我们作出正确的决策。

这个定义包括以下几层含义：数据源必须是真实、海量的；同时，发现的是用户感兴趣的知识；发现的知识要可被用户所接受和理解的，最好能用自然语言表达所发现的结果；所有发现的知识都是相对的，是有特定前提和约束条件，面向特定领域的，仅支持特定的发现问题即可。发现知识的方法可以是数学的，也可以是非数学的；可以采用演绎的方法，也可采用归纳的方法。发现的知识可以被用于信息管理、查询优化、决策支持和过程控制等，还可以用于数据自身的维护。

数据库中的知识发现（KDD）一词于 1989 年在美国底特律举行的第十一届国际联合人工智能（Artificial Intelligence，AI）学术会议上被 Gregory Piatetsky Shapiro 首次提出。1993 年，IEEE 的 Knowledge and Data Engineering 会刊率先出版了 KDD 技术专刊。并行计算、计算机网络和信息工程等其他领域的国际学会、学刊也把数据挖掘和知识发现列为专题和专刊讨论，时至今天甚至到了脍炙人口的程度。由此可见，数据挖掘技术涉及多个学科的综合，这些学科包括统计学、数据库技术、互联网技术、云计算、机器学习、人工智能、高性能并行计算和数据的可视化。

17.2 数据挖掘技术的起源与发展

数据挖掘是一个逐渐演变的过程。最早出现在互联网得以逐步应用的 20 世

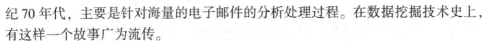

纪70年代，主要是针对海量的电子邮件的分析处理过程。在数据挖掘技术史上，有这样一个故事广为流传。

在一家大型超市里，有这样一个有趣的现象：尿布和啤酒赫然摆在一起出售。但是这个有趣的举措却使得尿布和啤酒的销量同时增加了。这不是一个笑话，而是发生在美国沃尔玛连锁店的一个真实案例。

沃尔玛拥有世界上最大的数据仓库系统，为了能够准确了解顾客在其门店的购买习惯，沃尔玛开始对其顾客的购物行为进行购物篮分析（Market Basket Analysis），想了解某个顾客通常一起购买的商品有哪些。沃尔玛数据仓库里存储了各门店的大量原始交易数据，沃尔玛利用数据挖掘对其进行了分析和处理。一个重大的发现就是：跟尿布一起购买最多的商品竟然是啤酒！后经过大量实际调查分析，居然揭示了一个隐藏在"尿布与啤酒"后面的美国人的一种生活模式：年轻的父亲下班后经常要到超市去买婴儿尿布，而他们中有30%~40%的人同时买一些啤酒。这是因为：他们的太太常叮嘱他们下班后为小孩买尿布，而这些丈夫们在买尿布后又随手带回了他们喜欢的啤酒。按常规思维，尿布与啤酒风马牛不相及，若不是借助数据挖掘技术对大量交易数据进行挖掘分析，是不可能发现数据内在这一有价值的规律的，这种现象称之为数据关联。

数据关联是数据库中存在的一类重要的可被发现的知识。若两个或多个变量的取值之间存在某种规律性，就称为关联。关联只是证明这些变量间存在一定的相关关系，但未必一定是因果性的，也可能是其他原因导致的。关联分析就是要找出数据库中隐藏的关联网络。

数据挖掘应用一般需要从组织数据做起，经历算法设计（建模）、挖掘、评价、改进等步骤。其中组织整理数据占据大部分时间，大约占到整个数据挖掘项目80%的时间。数据挖掘的真正普及是建立在数据仓库的成功应用之上。一个设计完善的数据仓库已经将原始数据经过了清洗和变换，在此基础上再进行深入挖掘就顺理成章了。

数据挖掘不但能够学习已有的知识，而且能够发现未知的知识，得到的知识是"显式"的，既能为人所理解，又便于存储和使用，因此它一出现就得到广泛的应用。从20世纪80年代末的初露头角到如今的如火如荼，以数据挖掘为核心的人工智能已经成为IT及其他行业的一个新宠。目前数据挖掘技术在零售业的货篮数据分析、金融风险预测、产品产量、质量分析、分子生物学、基因工程研究、Internet站点访问模式发现以及信息搜索和分类等许多领域得到了成功的应用。当然，从另一个角度来看，随着数据挖掘技术的深入发展和大规模应用，也很可能对我们的个人隐私和数据安全产生巨大的威胁。

17.3　统计分析与数据挖掘的主要区别

统计分析与数据挖掘有什么区别呢？从两者的理论来源来看，它们在很多情况下都是同根同源的。比如，在典型的数据挖掘技术的决策树算法里，CART、CHAID等理论和方法都是基于统计理论所发展和延伸的；并且数据挖掘中的技术有相当比例是用统计学中的多变量分析来支撑的。更主流的观点普遍认为，数据挖掘是统计分析技术的延伸和发展。

数据挖掘特别擅长于处理大数据，尤其是几百兆字节、几千兆字节，甚至更多更大的数据库。数据挖掘在一般的实践应用中都会借助数据挖掘工具，而这些挖掘工具的使用，很多时候并不需要特别专业的知识背景作为必要条件。不过，需要强调的是基本的统计知识和技能是必需的。

统计分析的基础之一就是概率理论。在对数据进行统计分析时，分析人员常常需要对数据分布和变量间的关系作假设，确定用什么概率函数来描述变量间的关系，以及如何检验参数的统计显著性。但是，在数据挖掘的应用中，分析人员不需要对数据分布作任何假设，数据挖掘中的算法会自动寻找变量间的关系。因此，相对于海量、杂乱的数据，数据挖掘技术有明显的应用优势。

统计分析在预测中的应用常表现为一个或一组函数关系式，而数据挖掘在预测应用中的重点在于预测的结果，很多时候并不会从结果中产生明确的函数关系式，有时候甚至不知道到底是哪些变量在起作用，又是如何起作用的。最典型的例子就是"神经网络"算法，它的隐含层就是一个"黑箱"，没有人能在所有的情况下解释清楚里面的函数参数代表了什么物理意义。

通常，在实践应用中，统计分析需要分析人员先作假设或判断，然后利用数据分析技术来验证该假设是否成立。但是，在一般的通用数据挖掘应用平台中如WEKA，则不需要对数据的内在关系作假设或判断，而是选择特定的挖掘工具算法后，自动计算数据中隐藏的关系或规律。

17.4　数据挖掘的基本方法

17.4.1　认识数据

现实世界的信息往往存在着大量的噪声、缺失和不一致性，因此，在对数据进行挖掘之前，首先要对原始数据加以数据清理、数据集成与变换和数据归约，这些称之为数据预处理，使之便于后续的加工处理。

在进行数据处理之前，首先要认识数据，也就是熟悉数据集的总体特征与分布。

（1）数据的中心趋势度量：均值、中位数、众数

设存在一组数据集（观测值）为 X_1，X_2，…，X_n，考察该数据集"中心"的最常用和最有直观的度量值就是（算术）平均值（Mean），则算术平均值的计算公式为：

$$M = (X_1 + X_2 + \cdots + X_n)/n \tag{17.1}$$

某种情况下，数据集中每个 X_i 与一个权值 W_i 有关联，$i = 1$，2，…，n。这个权值反映了对应数值的显著性、重要性或出现频率，可计算：

$$M = (X_1 W_1 + X_2 W_2 + \cdots + X_n W_n)/(W_1 + W_2 + \cdots + W_n) \tag{17.2}$$

这称为加权（算术）平均值（Weighed arithmetic mean）或加权平均。

尽管均值是最常用的中心趋势度量，由于其对极值的敏感性，因此，对于非对称数据集，中位数是比较好的度量。

中位数（Median）是有序数据集的中间值，平均地将数据集分成对称的两部分。若数据集个数为奇数，则中位数不唯一，此时中位数为数据集中最中间的两个值及它们之间的任意一个值。

众数（Mode）是另一个中心趋势度量。数据集中的众数是指在数据集中出现频率最高的那个数值。由于不同的数值可能有相同的频率值，因此，一个数据集中的众数可能有多于一个。对应的，具有一个、两个、三个众数的数据集分别称为单峰的（Unimodal）、双峰的（Bimodal）、三峰的（Trimodal）。一般将具有两个及以上的众数的数据集称为多峰的（Multimodal）。如果所有数据出现的频率均相等，则认为它没有众数。

（2）数据的分散程度度量：极差、四分位数、四分位数极差、方差和标准差

极差（Range）是指数据集中最大值和最小值的差，它反映了数据间的分散程度。对于一个有序的数据集，我们可以在其极差间均匀地等分成若干等长度的区间，这些区间间隔点称为分位数（Quantile）。如 2 分位数是 1 个数据点，它将整个有序数据集分成从大到小对称的两部分。实际上，2 分位数即对应于中位数。同理，4 分位数（Quartile）有 3 个数据点，将整个有序数据集分成从大到小的四部分；百分位数（Percentile）将整个有序数据集分成 100 个大小相等的部分。中位数、四分位数、百分位数是最常见的分位数，其关系见图 17.1。

四分位数可以给出有序数据集的数据分布的中心、散布和形状的信息。第 1 个四分位数记作 Q_1，是第 25 个百分位数，它截取数据的最低的 25%。第 3 个四分位数记作 Q_3，是第 75 个百分位数，它截取数据的最低的 75%（或最高的 25%）。第 2 个四分位数是第 50 个百分位数，作为中位数，它给出数据分布的中心。

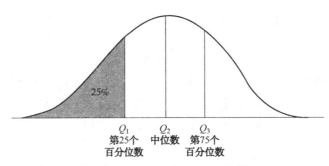

图 17.1　中位数、四分位数和百分位数之间的关系

第 1 个和第 3 个四分位数之间的距离是散布的一种度量，它给出被数据的中间一半所覆盖的范围。该距离称为四分位数极差（IQR），定义为：

$$IRQ = Q_3 - Q_1 \tag{17.3}$$

方差（Variance）与标准差（Standard deviation）都是数据散布度量，它们表示数据分布的分散程度。标准差低意味数据趋向于非常靠近均值，而标准差高表示数据散布在一个较大的区域中。

$$\sigma^2 = \frac{1}{N} \sum_{i=1}^{N} (x_i - \bar{x})^2 = \left(\frac{1}{N} \sum_{i=1}^{n} x_i^2 \right)^2 - \bar{x}^2 \tag{17.4}$$

式中，$\bar{x}$ 是数据的均值，由式（17.1）定义；数据的标准差 σ 是方差 σ^2 的平方根。

（3）数据的相似相异性度量：邻近性度量和相异性度量

在诸如聚类、离群点分析和最近邻分类等数据挖掘应用中，需要评估数据对象之间的相似或不相似程度。

相似性和相异性都称邻近性（Proximity），相似性和相异性是有关联的。一般来说，如果两个数据对象 i 和 j 不相似，则它们的相似性度量将返回 0。相似性值越高，数据对象之间的相似性越大（典型地，值 1 表示完全相似，即数据对象是等同的）。相异性度量正好相反。如果数据对象相同，则它返回值 0。相异性值越高，两个数据对象越相异。

在上节中，我们考察了某数据集 X 的中心趋势和散布的方法，该数据对象是一维的，即单个属性的描述。在本节中，我们观测的对象将拓展为具有多个属性的描述，因此，我们需要改变记号。假设有 n 个观测对象（如人、商品或课程），被 p 个属性（又称维或特征，如年龄、身高、体重或性别）所描述。这些对象是 $x_1 = (x_{11}, x_{12}, \cdots, x_{1p})$，$x_2 = (x_{21}, x_{22}, \cdots, x_{2p})$，等等，其中 x_{ij} 是对象 x_i 的第 j 个属性的值。为简化讨论，以后我们称对象 x_i 为对象 i。这些对象可以是关系数据库的元组，也称数据样本或特征向量。

数据矩阵（data matrix）：这种数据结构用 $n×p$（n 个对象×p 个属性）矩阵存放 n 个数据对象：

$$\begin{bmatrix} x_{11} & \cdots & x_{1f} & \cdots & x_{1p} \\ \cdots & \cdots & \cdots & \cdots & \cdots \\ x_{il} & \cdots & x_{if} & \cdots & x_{ip} \\ \cdots & \cdots & \cdots & \cdots & \cdots \\ x_{n1} & \cdots & x_{nf} & \cdots & x_{np} \end{bmatrix} \qquad (17.5)$$

相异性矩阵（dissimilarity matrix）：存放 n 个对象两两之间的邻近度（proximity），通常用一个 $n \times n$ 矩阵表示：

$$\begin{bmatrix} 0 & & & & \\ d(2,1) & 0 & & & \\ d(3,1) & d(3,2) & 0 & & \\ \vdots & \vdots & \vdots & & \\ d(n,1) & d(n,2) & \cdots & \cdots & 0 \end{bmatrix} \qquad (17.6)$$

其中，$d(i,j)$ 是数据对象 i 和 j 之间的相异性度量。一般而言，$d(i,j)$ 是一个非负的数值，i 和 j 彼此高度相似时，其值接近于 0；而该值越大越不同。注意：$d(i,j)=d(j,i)$。因此该矩阵是对称的。此外，相似性度量也可以表示成相异性度量的函数：$\text{sim}(i,j)=1-d(i,j)$。

数据矩阵的行代表数据对象，列代表属性。因而，数据矩阵经常被称为二模（two-mode）矩阵。相异性矩阵只包含一类实体，因此被称为单模（one-mode）矩阵。许多聚类和最近邻算法都在相异性矩阵上运行。在使用这些算法之前，可以把数据矩阵转化为相异性矩阵。

下面讨论相似性度量的计算。

对于两个一维数据对象 i 和 j 之间的相异性 $d(i,j)$ 可以根据不匹配率来计算：

$$d(i,j)=(p-m)/p \qquad (17.7)$$

式中，m 是匹配的数目（即 i 和 j 取值相同状态的属性数），而 p 是描述对象的属性总数。

显然，相似性 $\text{Sim}(i,j)$ 可以用下式计算：

$$\text{Sim}(i,j)=1-d(i,j)=(p-m)/p=m/p \qquad (17.8)$$

对于数值型数据的相异性距离度量可用欧几里得距离、曼哈顿距离和闵可夫斯基距离来衡量。当然在某些情况下，在计算两个数据的距离之前应该规范化，可参考后续数据预处理章节中的相关内容。

最流行的距离度量是欧几里得距离（Euclidean distance）。设 $i=(x_{i1}, x_{i2}, \cdots, x_{ip})$ 和 $j=(x_{j1}, x_{j2}, \cdots, x_{jp})$ 是两个被 p 个数值属性描述的对象，则对象 i 和 j 之间的欧几里得距离定义为：

$$d(i, j) = \sqrt{(x_{i1}-x_{j1})^2 + (x_{i2}-x_{j2})^2 + \cdots + (x_{ip}-x_{jp})^2} \qquad (17.9)$$

另一个著名的度量方法是曼哈顿距离(Manhattan distance),来源于曼哈顿城市某两点之间的要行走的街区长度。

$$d(i, j) = |x_{i1}-x_{j1}| + |x_{i2}-x_{j2}| + \cdots + |x_{ip}-x_{jp}| \qquad (17.10)$$

闵可夫斯基距离(Minkowski distance)是欧几里得距离和曼哈顿距离的推广,定义如下:

$$d(i, j) = \sqrt[h]{|x_{i1}-x_{j1}|^h + |x_{i2}-x_{j2}|^h + \cdots + |x_{ip}-x_{jp}|^h} \qquad (17.11)$$

其中,h 是实数,$h \geqslant 1$。当 $h=1$ 时,它表示曼哈顿距离(即,L1 范数);当 $h=2$ 时,表示欧几里得距离(即,L2 范数);当 $h \rightarrow \infty$ 时,表示上确界距离,又称切比雪夫距离(Chebyshev distance)。

17.4.2　数据预处理

认识了数据的分布特性之后,我们来讨论数据预处理的主要内容,即数据清理、数据集成、数据归约和数据变换。

数据清理可以用来清除数据中的噪声,纠正数据的不一致性。数据集成将数据由多个数据源合并成一个一致的数据存储,如数据仓库。数据归约可以通过如删除冗余特征或聚类来降低数据的规模。数据变换用来把数据压缩到规范化的区间内。这些都可以提高挖掘算法的准确率和效率。

(1)清理数据中的噪声和缺失

噪声(noise)是被测量的变量的随机误差或方差。给定一个数值属性,怎样才能"平滑"数据、去掉噪声呢?

分箱(binning):分箱方法通过考察数据的"近邻"(即周围的值)来平滑有序数据。这些有序的数据被分配到若干个数据个数相等(等频)的箱中(当然,箱也可以是等宽的,即用相等的区间来划分箱体)。对于用箱均值平滑,箱中每一个值都被替换为箱中的均值。类似地,也可以使用用箱中位数或边界值平滑。

回归(regression):也可以用一个函数拟合数据来平滑数据,称为回归。线性回归可找出拟合两个属性(或变量)的"最佳"直线,使得一个属性可以用来预测另一个。多元线性回归是线性回归的扩展。

离群点分析(outlier analysis):可以通过如聚类来检测离群点。聚类将类似的值组织成群或"簇"。直观地,落在簇集合之外的值被视为离群点。

在原始数据中,往往会有某些数据属性缺失的现象。怎样才能为该属性填上缺失的值呢?

① 人工填写缺失值:人工方法很费时费力,并且当数据集很大、缺失很多值时,人工方法可能是无法完成的。

② 使用一个常量填充：将缺失的属性值一律用同一个常量（如"Unknown"或"0"）替换。如果缺失的值都用如"Unknown"替换，则挖掘算法可能误以为它们形成了一个新的分类——"Unknown"。因此，尽管该方法简单，但是并不十分可靠。

③ 使用数据属性的中心度量填充：对于对称分布的数据，可以使用均值，而非对称数据使用中位数填充。

④ 使用可能性最大的值填充：可以用回归、使用基于贝叶斯条件概率的推理方法或决策树归纳确定。相关方法将在后续章节陆续介绍。

（2）不同数据格式的集成与归约

数据集成将多个数据源中的数据合并，存放在一个一致的数据存储中，如存放在数据仓库中。这些数据源可能包括多个数据库、数据立方体或一般文件。

在数据集成时，有许多问题需要考虑。例如，数据分析者或计算机如何才能确信一个数据库中的 user_id 与另一个数据库中的 user_no 指的是相同的属性？每个属性的元数据包括名字、含义、数据类型和属性的允许取值范围是否一致？冗余是数据集成的另一个重要问题。一个属性（例如，年龄）如果能由另一个属性"出生日期"导出，则这个属性可能是冗余的。属性或维命名的不一致也可能导致结果数据集中的冗余。数据集成还涉及数据值冲突的检测与处理。例如，长度属性可能在一个数据库中以公制单位存放，而在另一个中以英制单位存放。

数据的规范化也是数据集成需要考虑的问题。数据的规范化是指将数据按照一定的规则进行统一的缩放，使之落入共同的区间，以避免不同数值域的数据进行进行不合理的比较，也就是说数据规范化的实质是赋予所有数据相等的权重。常见的规范化方法有：最小-最大规范化、标准分数（z-score）规范化（或零均值规范化）等。

在标准分数 z-score 规范化中，数据 A 的值基于 A 的均值和标准差进行规范化：

$$z = (A - \mu)/\sigma \tag{17.12}$$

式中 μ——数据 A 的均值；

σ——标准差。

数据归约（Data reduction）可以用来得到数据集的精简表示，但仍尽量保持原始数据的完整性。在归约后的数据集上进行挖掘仍然产生几乎相同的分析结果，但运算量大幅减少了。数据归约的思路主要包括维度归约、数量归约和数据压缩。

维度归约（dimensionality reduction）注重减少所处理的变量或属性的个数，主要采用主成分分析等降维方法。数量归约（numerosity reduction）主要利用回归和聚类方法减少数据量。数据压缩（data compression）则采用使用小波变换等手段，将原始数据压缩。

17.4.3　数据分类、聚类与预测

数据挖掘可以看作是信息技术自然进化的结果，在产业界、媒体和研究界，"数据挖掘"通常用来表示整个知识发现过程，而机器学习可以进行数据分析和知识发现，从而在数据挖掘应用中扮演了关键角色。因此，我们采用广义的数据挖掘功能的观点：数据挖掘是从大量数据中挖掘有趣模式和知识的过程。在数据挖掘和机器学习里，经常需要把数据分成不同的类别，即对于给定的数据，判断每条数据属于哪些类，或者和其他哪些数据属于同一类等等，以供使用者进行决策，这就是数据的分类与预测。因此，数据分类可分为两个步骤：①构造模型，利用训练数据集训练分类器；②利用建好的分类器模型对测试数据进行分类。

机器学习的常用方法，主要分为有监督学习(Supervised Learning)、无监督学习(Unsupervised Learning)以及半监督学习(Partially Supervised Learning)。有监督学习是指：先利用已具有分类标记的样本对模型进行训练，所有的标记(分类)是已知的。学习完成后，对训练样本外的数据再利用已训练好的模型进行分类预测。例如，分类算法就是有监督学习。无监督学习是指：无需训练模型，直接对输入数据进行建模预测，即通过数据内在的属性和联系，将数据自动划分为某几类。例如聚类算法就是无监督学习。而半监督学习指的是在训练数据十分稀少的情况下，通过利用一些没有类标的数据，提高学习准确率的方法。

下面简单介绍一下几种常见的分类算法。

(1) 决策树(Decision Tree)

决策树分类算法是一种非常成熟的、普遍采用的有监督数据挖掘技术。它是一个树结构(可以是二叉树或非二叉树)，其每个非叶节点表示一个特征属性上的测试，每个分支代表这个特征属性在某个值域上的输出，而每个叶节点存放一个类别。使用决策树进行决策的过程就是从根节点开始，测试待分类项中相应的特征属性，并按照其值选择输出分支，直至到达叶子节点，将叶子节点存放的类别作为决策结果。ID3、C4.5、CART以及随机森林等是决策树中比较常见的几个算法。

构造决策树的关键性内容是进行属性选择度量。属性选择度量是一种选择分裂准则，它决定了拓扑结构及分裂点的选择。属性选择度量算法有很多，如ID3使用的是信息增益(Information gain)、C4.5使用的是增益比率(Gain ratio)、而CART使用的是基尼系数(Gini index)等。决策树一般使用自顶向下递归分治法，并采用不回溯的贪心策略。

在实际构造决策树时，通常要进行剪枝，这是为了处理由于数据中的噪声和

离群点导致的过拟合问题。关于决策树和剪枝的具体算法这里不再详述,有兴趣的可以参考相关文献。

(2)朴素贝叶斯(Naive Bayes)

朴素贝叶斯分类的思路是这样的:利用贝叶斯条件概率定理,对于给出的待分类项,求解在此项出现的条件下各个类别出现的概率,哪个最大,就认为此待分类项属于哪个类别。

整个朴素贝叶斯分类分为三个步骤:

① 准备阶段。根据具体情况确定特征属性,并对每个特征属性进行适当划分,然后对一部分待分类项进行分类,形成训练样本集合。这一阶段的输入是所有待分类数据,输出是特征属性和训练样本。分类器的质量很大程度上由特征属性、特征属性划分及训练样本质量决定。

② 分类器训练阶段。计算每个类别在训练样本中的出现频率及每个特征属性划分对每个类别的条件概率估计,并将结果记录。其输入是特征属性和训练样本,输出是分类器。

③ 应用阶段。这个阶段的任务是使用分类器对待分类项进行分类,其输入是分类器和待分类项,输出是待分类项与类别的映射关系。

(3)SVM 支持向量机(Support Vector Machine)

SVM 是一种监督式学习的方法,可广泛地应用于统计分类以及回归分析。支持向量机属于一般化线性分类器,其基本模型定义为特征空间上的间隔最大的线性分类器,其学习策略便是间隔最大化,最终可转化为一个凸二次规划问题的求解。这类分类器的特点是它能够同时最小化经验误差与最大化几何边缘区,因此 SVM 也被称为最大边缘区分类器。

算法思路如图 17.2(a)所示,现在有一个二维平面,平面上有两种不同的数据,分别用圈和叉表示。由于这些数据是线性可分的,所以可以用一条直线将这两类数据分开,这条直线就相当于一个超平面,超平面一边的数据点所对应的 y 全是-1,另一边所对应的 y 全是 1。

图 17.2(b)中,A 和 B 都可以作为分类超平面,但最优超平面只有一个,最优分类平面使间隔最大化。那是不是某条直线比其他的更加合适呢?我们可以凭直觉来定义一条评价直线好坏的标准:距离样本太近的直线不是最优的,因为这样的直线对噪声敏感度高,泛化性较差。因此我们的目标是找到一条直线(图中的最优超平面),离所有点的距离最远。因此,SVM 算法的实质是找出一个能够将某个值最大化的超平面,这个值就是超平面离所有训练样本的最小距离(margin)。对一个数据点进行分类,当超平面离数据点的"间隔"越大,分类的确信度(confidence)也越大。

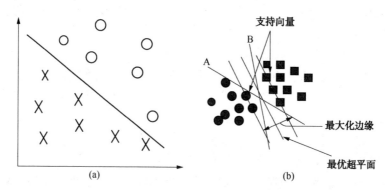

图 17.2　SVM 算法思路图解

（4）Apriori 先验算法

Apriori 算法是一种最有影响力的基于布尔关联规则的频繁项集挖掘算法。它使用一种称作逐层搜索的迭代方法，k 项集用于探索 $k+1$ 项集。

● 问题的引入

购物篮分析者提问：哪组商品顾客可能会在一次购物时同时购买？

关联分析拟解决的问题：

① 经常同时购买的商品可以摆近一点，以便进一步刺激这些商品一起销售。

② 规划哪些附属商品可以降价销售，以便刺激主体商品的捆绑销售。

● 关联分析的基本概念

① 支持度：关联规则 A→B 的支持度 support＝P（AB），指的是事件 A 和事件 B 同时发生的概率。

② 置信度：置信度 confidence＝P（B∣A）＝P（AB）/P（A），指的是发生事件 A 的基础上发生事件 B 的概率。比如：在规则 Computer⇒antivirus_software，其中 support＝2%，confidence＝60%中，表示所有的商品交易中有 2%的顾客同时买了电脑和杀毒软件，并且购买电脑的顾客中有 60%也购买了杀毒软件。

③ k 项集：如果事件 A 中包含 k 个元素，那么称这个事件 A 为 k 项集，并且事件 A 满足最小支持度阈值的事件称为频繁 k 项集。

④ 由频繁项集产生强关联规则：

（a）K 维数据项集 L_K 是频繁项集的必要条件是它所有 $K-1$ 维子项集也为频繁项集，记为 L_{K-1}。

（b）如果 K 维数据项集 L_K 的任意一个 $K-1$ 维子集 L_{K-1}，不是频繁项集，则 K 维数据项集 L_K 本身也不是最大数据项集。

（c）L_K 是 K 维频繁项集，如果所有 $K-1$ 维频繁项集合 L_{K-1} 中包含 L_K 的 $K-1$ 维子项集的个数小于 K，则 L_K 不可能是 K 维最大频繁数据项集。

（d）同时满足最小支持度阀值和最小置信度阀值的规则称为强规则。

● Apriori 算法过程分为两个步骤

第一步通过迭代，检索出事务数据库中的所有频繁项集，即支持度不低于用户设定的阈值的项集；第二步利用频繁项集构造出满足用户最小信任度的规则。

（5）K-means 算法

K-means 算法是一种无监督聚类算法。在聚类分析中，一般是将"距离"较小的点或"相似性"较大的点归为同一类，将"距离"较大的点或"相似性"较小的点归为不同的类。K-means 算法就是将 n 个观察对象分类到 k 个聚类，每个观察对象将被分到与均值最接近的聚类中，是一种通过反复迭代直至收敛到一个确定值的迭代贪婪算法。

算法步骤如下：

① 首先任意选出 k 个初始化的质心，每个观察对象被分类到与质心最近的聚类中；

② 接着使用指定的观察对象聚类的均值重新计算质心；

③ 用重新算出的质心对观察对象重新聚类，如①那样分类到与质心最近的聚类中；

④ 重复②、③步骤直至聚类质心不再变化，或者小于给定的阈值。

K-means 聚类分析简单、直观，主要应用于探索性的研究，其分析的结果可以提供多个可能的解，选择最终的解需要研究者的主观判断和后续的分析。

在数据挖掘中，还有很多算法，如粗糙集、模糊聚类算法、遗传算法等都是非常实用和常见的，囿于篇幅所限就不一一介绍了，有兴趣的读者可以查阅本章所引的参考文献进一步了解。

17.5　浅层学习与深度学习

20 世纪 80 年代末期，用于人工神经网络的 BP 算法（Back Propagation 算法）的发明，给机器学习带来了希望。

浅层学习（Shallow Learning）是机器学习的第一次浪潮。20 世纪 90 年代，各种各样的浅层机器学习模型相继被提出，例如支持向量机（SVM, Support Vector Machines）、Boosting、最大熵方法（如 LR, Logistic Regression）等。这些模型基本上可以看成带有一层隐含层节点（如 SVM、Boosting），或没有隐含层节点（如 LR）的结构。无论是在理论分析还是应用中这些模型都获得了巨大的成功。相比之下，由于理论分析的难度大，训练方法又需要很多经验和技巧。这个时候的人工神经网络，虽也被称作多层感知机（Multi-layer Perceptron），但实际是种只含有一层隐层节点的浅层模型。

所谓深度学习(Deep Learning)就是通过构建具有很多隐含层的神经网络模型和大量的训练数据,来学习数据中的有用的特征,从而最终提升分类或预测的准确性。因此,深度学习通过组合底层特征形成更加抽象的高层表示属性类别或特征,以发现数据的特征分布表示。有别于传统的浅层学习,深度学习的不同在于:①强调了模型结构的深度,通常有 5 层、10 层,甚至 100 多层的隐层节点;②明确突出了特征学习的重要性,也就是说,通过逐层特征变换,将样本在原空间的特征表示变换到一个新特征空间,从而使分类或预测更加容易。与人工规则构造特征的方法相比,利用大数据来学习特征,更能够刻画数据的丰富内在信息。

2006 年,机器学习领域的著名学者加拿大多伦多大学教授 Geoffrey Hinton 和他的学生 Ruslan Salakhutdinov 在《Science》上发表了一篇论文,开启了深度学习的热潮。这篇文章有两个主要观点:①多隐含层的人工神经网络具有优异的特征学习能力,学习得到的特征对数据具有更本质的刻画,从而有利于可视化或分类;②深度神经网络在训练上的难度,可以通过"逐层初始化"(Layer-wise Pre-training)来有效克服,逐层初始化是通过无监督学习实现的。

深度学习是一种无监督机器学习,其动机在于建立、模拟人脑进行分析学习的神经网络,它模仿人脑的机制来解释数据,例如图像、声音和文本。2012 年 6 月,《纽约时报》披露了由斯坦福大学机器学习领域中著名华裔教授吴恩达(Andrew Ng)和在大规模并行计算方面的世界顶尖专家 Jeff Dean 共同主导的谷歌大脑计划(Google Brain Project),该计划用 16000 个 CPU Core 的并行计算平台训练一种称为"深度神经网络"(Deep Neural Networks. DNN)的机器学习模型(其内部共有 10 亿个节点,这一神经网络自然是不能跟有 150 多亿个神经元的人脑相提并论的)。这个项目能够在没有任何先验知识的情况下,仅仅通过观看无标注的 YouTube 的视频学习到识别高级别的概念,比如在人类不提前告知这个神经网络的前提下,深度学习可以自动地识别出视频中的猫这个动物,这就是著名的"Google Cat"。

17.6 人工智能的发展与未来

人工智能最初是计算机学科的一个研究分支,如今它正在朝综合性的前沿学科方面飞速发展。它是依据人类对大脑活动规律的研究成果,用于模拟、延伸和扩展人类智能的一门新兴的研究领域,是融合了计算机、控制论、信息论、数学、心理学等多种学科基础上发展起来的一门综合性学科。

从 20 世纪 60 年代至 70 年代初，人工智能领域比较有影响的工作是通用问题求解程序，主要包括：Robinson 于 1965 年提出了归结原理，成为自动定理证明的基础；Feigenbaum 于 1968 年研制成功了 DENDRAL 化学专家系统，是人工智能走向实用化的标志。Quillian 于 1968 年提出了语义网络的知识表示等。20 世纪 70 年代，人工智能研究以自然语言理解、知识表示为主。Winograd 于 1972 年研制开发了自然语言理解系统，同时期 Colmeraue 创建了 Prolog 语言。Shank 于 1973 年提出了概念从属理论。Minsky 于 1974 年提出了框架知识表示法。1977 年，Feigenbaum 提出了知识工程，专家系统开始得到广泛应用。

20 世纪 80 年代以来，以推理技术、知识获取机器视觉的研究为主，开始了不确定性推理和确定性推理方法的研究。90 年代，人工智能研究在博弈这一领域有了实质性的进展。1997 年 5 月 11 日，IBM 的"深蓝"计算机以 2 胜 1 负 3 平的成绩战胜了国际象棋世界冠军卡斯帕罗夫，这举世震惊的一步大大地振奋了整个人工智能界，而事实上"深蓝"打败卡斯帕罗夫仍是从专家系统提供的所有可能的走步中选择最优的，并未有理论上的实质性的突破。2016 年 3 月，基于深度学习的围棋软件 AlphaGo 以 4∶1 战胜世界顶级棋手李世石九段，宣告新一代围棋 AI 达到了前所未有的高度，给世人带来巨大的震撼。人机对弈，其本质是人类思维与 AI 算法的博弈，AlphaGo 的算法结构也是在一定程度上模拟了人类思维而获得成功的。

2017 年 10 月 19 日 Nature 上线了一篇重磅论文"*Mastering the game of Go without human knowledge*"，文中详细介绍了谷歌 DeepMind 团队最新的研究成果。人工智能的一项重要目标，是在没有任何先验知识的前提下，通过完全的自学，在极具挑战的领域达到超人的境地。去年，阿法狗（AlphaGo）代表人工智能在围棋领域首次战胜了人类的世界冠军，但其棋艺的精进，是建立在计算机通过海量的历史棋谱学习参悟人类棋艺的基础之上，进而自我训练，实现超越。可是今天，我们发现，人类其实把阿法狗教坏了！新一代的阿法元（AlphaGo Zero）完全从零开始，不需要任何历史棋谱的指引，更不需要参考人类任何的先验知识，完全靠自己一个人强化学习（reinforcement learning）和参悟，棋艺增长远超阿法狗，百战百胜，击溃阿法狗 100-0。达到这样一个水准，阿法元只需要在 4 个 TPU 上花 3 天时间，自己左右互搏 490 万棋局。而它的哥哥阿法狗，需要在 48 个 TPU 上花几个月的时间，学习三千万棋局，才打败人类。这篇论文的第一和通讯作者是 DeepMind 的 David Silver 博士，阿法狗项目负责人。他介绍说阿法元远比阿法狗强大，因为它不再被人类认知所局限，而能够发现新知识，发展新策略。通过摆脱对人类经验和辅助的依赖，类似的深度强化学习算法或许能更容易地被广泛应用到其他人类缺乏了解或是缺乏大量标注数据的领域。

近年来，人工智能的研究和应用得以飞速发展。一方面主要得益于计算机硬件性能的巨大提升，另一方面是以云计算为代表的并行计算技术的快速发展，使得处理海量数据的能力和质量大为提高。

人工智能发展至今涉及多个研究领域，研究方向包括符号计算、语言识别、模式识别和计算机视觉、机器翻译与机器学习、智能信息检索、问题求解与专家系统、逻辑推理与逻辑证明、自然语言处理、自动驾驶等，逐渐成为更为广泛的智能科学学科。

2017 年 7 月 20 日国务院印发新一代人工智能发展规划。到 2020 年人工智能总体技术和应用与世界先进水平同步，人工智能产业将成为新的重要经济增长点；到 2025 年人工智能基础理论实现重大突破，部分技术与应用达到世界领先水平；到 2030 年人工智能理论、技术与应用总体达到世界领先水平，成为世界主要人工智能创新中心。

规划中提出需要建立的新一代人工智能关键共性技术体系如下：

（1）知识计算引擎与知识服务技术。研究知识计算和可视交互引擎，研究创新设计、数字创意和以可视媒体为核心的商业智能等知识服务技术，开展大规模生物数据的知识发现。

（2）跨媒体分析推理技术。研究跨媒体统一表征、关联理解与知识挖掘、知识图谱构建与学习、知识演化与推理、智能描述与生成等技术，开发跨媒体分析推理引擎与验证系统。

（3）群体智能关键技术。开展群体智能的主动感知与发现、知识获取与生成、协同与共享、评估与演化、人机整合与增强、自我维持与安全交互等关键技术研究，构建群智空间的服务体系结构，研究移动群体智能的协同决策与控制技术。

（4）混合增强智能新架构和新技术。研究混合增强智能核心技术、认知计算框架，新型混合计算架构，人机共驾、在线智能学习技术，平行管理与控制的混合增强智能框架。

（5）自主无人系统的智能技术。研究无人机自主控制和汽车、船舶、轨道交通自动驾驶等智能技术，服务机器人、空间机器人、海洋机器人、极地机器人技术，无人车间/智能工厂智能技术，高端智能控制技术和自主无人操作系统。研究复杂环境下基于计算机视觉的定位、导航、识别等机器人及机械手臂自主控制技术。

（6）虚拟现实智能建模技术。研究虚拟对象智能行为的数学表达与建模方法，虚拟对象与虚拟环境和用户之间进行自然、持续、深入交互等问题，智能对象建模的技术与方法体系。

（7）智能计算芯片与系统。研发神经网络处理器以及高能效、可重构类脑计算芯片等，新型感知芯片与系统、智能计算体系结构与系统，人工智能操作系统。研究适合人工智能的混合计算架构等。

（8）自然语言处理技术。研究短文本的计算与分析技术，跨语言文本挖掘技术和面向机器认知智能的语义理解技术，多媒体信息理解的人机对话系统。

规划中提出的需要大力发展的人工智能新兴产业为：

（1）智能软硬件。开发面向人工智能的操作系统、数据库、中间件、开发工具等关键基础软件，突破图形处理器等核心硬件，研究图像识别、语音识别、机器翻译、智能交互、知识处理、控制决策等智能系统解决方案，培育壮大面向人工智能应用的基础软硬件产业。

（2）智能机器人。攻克智能机器人核心零部件、专用传感器，完善智能机器人硬件接口标准、软件接口协议标准以及安全使用标准。研制智能工业机器人、智能服务机器人，实现大规模应用并进入国际市场。研制和推广空间机器人、海洋机器人、极地机器人等特种智能机器人。建立智能机器人标准体系和安全规则。

（3）智能运载工具。发展自动驾驶汽车和轨道交通系统，加强车载感知、自动驾驶、车联网、物联网等技术集成和配套，开发交通智能感知系统，形成我国自主的自动驾驶平台技术体系和产品总成能力，探索自动驾驶汽车共享模式。发展消费类和商用类无人机、无人船，建立试验鉴定、测试、竞技等专业化服务体系，完善空域、水域管理措施。

（4）虚拟现实与增强现实。突破高性能软件建模、内容拍摄生成、增强现实与人机交互、集成环境与工具等关键技术，研制虚拟显示器件、光学器件、高性能真三维显示器、开发引擎等产品，建立虚拟现实与增强现实的技术、产品、服务标准和评价体系，推动重点行业融合应用。

（5）智能终端。加快智能终端核心技术和产品研发，发展新一代智能手机、车载智能终端等移动智能终端产品和设备，鼓励开发智能手表、智能耳机、智能眼镜等可穿戴终端产品，拓展产品形态和应用服务。

（6）物联网基础器件。发展支撑新一代物联网的高灵敏度、高可靠性智能传感器件和芯片，攻克射频识别、近距离机器通信等物联网核心技术和低功耗处理器等关键器件。

第18章 常用数据处理软件简介

科学研究往往需要进行大量实验，获取实验数据，然后通过对实验数据的合理处理获取科学规律。本章对常用数据处理软件 Excel、Origin、Mathcad、Matlab、Design-Expert 进行简要介绍，以期读者对这些软件有概括性认识。

18.1 Excel 软件简介

18.1.1 Excel 概述

Microsoft Excel 是微软公司办公软件 Microsoft office 的重要组件之一，可以进行各种数据的处理、统计分析和辅助决策操作，广泛地应用于管理、统计财经、金融等众多领域。Excel 中大量的公式函数可以应用选择，使用 Microsoft Excel 可以执行计算，分析信息并管理电子表格或网页中的数据信息列表与数据资料图表制作，可以实现许多方便的功能，带给使用者方便。

Excel 函数一共有 11 类，分别是数据库函数、日期与时间函数、工程函数、财务函数、信息函数、逻辑函数、查询和引用函数、数学和三角函数、统计函数、文本函数以及用户自定义函数。

本节我们只介绍和数据处理相关的内容。

18.1.2 表格、数据的处理

（1）编辑工作簿

当选定单元格或单元格区域之后，我们就可以向里面输入数据了，数据包括文本、数值、图表、声音等。现在来讲述一下文本与数字的输入。

文本输入包括中文文本和英文文本的输入。英文文本的输入只要在选定单元格之后敲击键盘就行了。中文文本的输入需要单击 Windows 桌面最右下角的【En】图标就会弹出输入法菜单，包括【智能 ABC 输入法】、【五笔字型输入法】等。

如果我们输入了一个数字，比如"9"，Excel 怎么知道它是数字还是字符呢？一般情况下 Excel 默认为数字，数字在单元格中是向右对齐的。说明它是字符时必须在该数字前加上一个单引号（撇号）来说明这一数字表示的是字符，而不是数值，输入的文本字符在单元格中是靠左对齐的。

对于输入工作簿中的数字或数值，我们可以进行自动计算与排序。数据的自动计算功能包括求平均值、求和、求最大值、计数等，数据的排序功能包括按升序排序、按降序排序、按大小排序和按字母的先后次序排序。

（2）使用公式

Excel 除了能进行一般的表格处理外，还具有对数据的计算能力，允许用户使用公式对数值进行计算。公式是对数据进行分析与计算的等式，使用公式可以对工作表中的数值进行加法、减法、乘法、除法等计算。

所有的公式必须以符号"="开始。一个公式是由运算符和参与计算的元素（操作数）组成的，操作数可以是常量、单元格地址、名称和函数。

公式的输入操作类似于输入文字型数据，但输入一个公式的时候应以一个等号（=）作为开始，然后才是公式的表达式。在单元格中输入公式的步骤如下：①选择要输入公式的单元格，如：F3。②在编辑栏的输入框中输入一个等号（=），然后键入公式表达式，如：B3+C3+D3。③单击√【输入】按钮，则在单元格 F3 中得到 B3+C3+D3 的结果。

（3）使用函数

函数是一种复杂的特殊的公式，函数是预定义的内置公式。所有的函数都以"="开始，函数包括函数名和参数两部分。函数名与括号之间没有空格，括号要紧跟数字之后，参数之间用逗号隔开，逗号与参数之间也不要插入空格或其他字符。如，要计算 C3 和 C5 单元格的和，可以输入函数：=SUM（C3，C5）。

在进行公式或函数计算时，可以使用数组。数组是单元格的集合或是一组处理的值集合。用户可以用一个数组公式执行多个输入操作并产生多个结果，每一个结果显示在一个单元格中。数组与单值公式的不同之处在于它可以产生两个或更多的计算结果。

我们可以通过一个例子来说明数组公式的输入。如：分别求 A1+B1+C1；A2+B2+C2；A3+B3+C3 的和。一般的做法是分别计算三个公式的和。但如果我们改用数组公式，就可以只键入一个公式来完成多个计算。输入数组公式的步骤如下：①选定要存入公式结果的单元格；②输入公式"=A1:A3+B1:B3+C1:C3"，但不要单击√【输入】按钮；③按下 Shift+Ctrl+Enter 键，我们就会看到公式外面加上了一对大括号"{}"，同时在选定的单元格中显示出了计算结果。

Excel 提供了 300 多个功能强大的函数，大致可以分为以下几类：

① 财务函数。

② 数学与三角函数，如：

ABS(number)，取参数的绝对值；

EXP(number)，求 e 的 n 次幂；

SQRT(number)，求给定参数的平方根；

LOG(number，base)，按指定的底数，返回一个数的对数。Base 对数的底数，以 10 为底时可省略。

③ 统计函数，如：

AVERAGE(number1，number2，…)，求平均值；

MAX(number1，number2，…)，求最大值；

VAR(number1，number2，…)，估计样本方差；

RSQ(known-ys，known-xs)，求回归线相关系数的平方，其中 known-ys 为数组或数据点区域(Y 轴)，known-xs 为数组或数据点区域(X 轴)；

LINEST(known-ys，known-xs)，求回归线的斜率和截距；

TREND(known-ys，known-xs)，根据回归线求 y 的计算值。

18.1.3　图形、图表的创建

(1) 图形的创建

Excel 为我们提供了大量的剪贴画文件，我们可以方便地使用这些剪贴画。导入剪贴画的方法为：单击【插入】菜单的【图片】命令中的【剪贴画】命令即可。

我们还可以单击【插入】菜单的【图片】命令中的【自选图形】命令绘制各种应用图表，例如：流程图、标注等。也可以很方便地将各种图形连接在一块，使它成为一幅完整的应用图形。

另外，我们还可以单击【视图】菜单中【工具栏】命令中的【绘图】选项，自己绘制图形，用 Excel 能画椭圆、画四边形、画直线、画曲线、填充文字等。

(2) 图表的创建

Excel 允许用户单独建立一个统计图表。如果要创建一个图表，可以按以下操作步骤进行操作：①选择要包含在统计图中的单元格数据。②单击【常用】工具栏中的【图表向导】按钮，屏幕上将出现一个对话框。这个对话框列出了 Excel 中可以建立的所有图表类型，可以从中任意选择一个。③单击【下一步】按钮，屏幕上出现对话框。对话框中显示出要包含在图表中的所有数据单元格所在的范围。④单击【下一步】按钮，屏幕上出现对话框。用户可以在【图表标题】中输入标题，可在坐标轴选项中选择(X)轴与(Y)轴的坐标分量。设置好之后单击【下一步】按钮。⑤屏幕上出现的对话框是用来设置图表的位置的，选择好位置之后单击【完成】。

18.1.4　Excel 应用举例

例18.1　某合成纤维厂为了寻找生产合成纤维的强度与拉伸倍数的关系，做了 24 组实验，结果见表 18.1。

表 18.1　拉伸倍数 x 与强度 y 的关系

编号	拉伸倍数(x)	强度(y)/kPa	编号	拉伸倍数(x)	强度(y)/kPa
1	1.9	1.4	13	5	5.5
2	2	1.3	14	5.2	5
3	2.1	1.8	15	6	5.5
4	2.5	2.5	16	6.3	6.4
5	2.7	2.8	17	6.5	6
6	2.7	2.5	18	7.1	5.3
7	3.5	3	19	8	6.5
8	3.5	2.7	20	8	7
9	4	4	21	8.9	8.5
10	4	3.5	22	9	8
11	4.5	4.2	23	9.5	8.1
12	4.6	3.5	24	10	8.1

用 LINEST、RSQ、TREND 函数求取回归参数，并通过图形向导作散点图(图 18.1)及线性回归图(图 18.2)，计算结果见表 18.2。

表 18.2　x 与 y 线性关系计算表

	trend(y, x)			$y = a + bx$	
x	y	y_{cal}	$y_{cal} - y$		
1.9	1.4	1.782069	0.382069	b, a = linest(y, x)	
2	1.3	1.867943	0.567943	b	a
2.1	1.8	1.953816	0.153816	0.8587	0.1505
2.5	2.5	2.29731	-0.20269	r^2 = rsq(y, x)	
2.7	2.8	2.469057	-0.33094	r^2	r
2.7	2.5	2.469057	-0.03094	0.952	0.9757
3.5	3	3.156044	0.156044		
3.5	2.7	3.156044	0.456044		
4	4	3.585411	-0.41459		
4	3.5	3.585411	0.085411		
4.5	4.2	4.014778	-0.18522		

续表

trend(y, x)				$y = a + bx$
x	y	y_{cal}	$y_{cal} - y$	
4.6	3.5	4.100652	0.600652	
5	5.5	4.444146	-1.05585	
5.2	5	4.615892	-0.38411	
6	5.5	5.30288	-0.19712	
6.3	6.4	5.5605	-0.8395	
6.5	6	5.732247	-0.26775	
7.1	5.3	6.247488	0.947488	
8	6.5	7.020348	0.520348	
8	7	7.020348	0.020348	
8.9	8.5	7.793209	-0.70679	
9	8	7.879083	-0.12092	
9.5	8.1	8.30845	0.20845	
10	8.1	8.737817	0.637817	

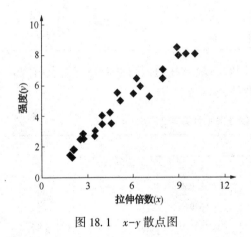

图 18.1　$x-y$ 散点图

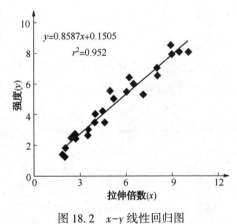

图 18.2　$x-y$ 线性回归图

18.2　Origin 软件简介

18.2.1　Origin 概述

Origin 为 OriginLab 公司出品的专业数据分析和绘图软件，既可满足一般用户的制图需要，也可满足高级用户数据分析、函数拟合的需要。这样的软件还有 Matlab、Mathmatica 和 Maple 等，但这些软件使用时需要具有计算机编程知识和矩阵知识，并要熟悉大量内部函数和命令，而 Origin 使用就像 Excel、Word 操作一下，只需点击鼠标，选择菜单命令就可以完成大部分工作，因此 Origin 是公认的简单易学、操作灵活、功能强大的软件。

Origin 是一个多文档界面的应用程序，这与 Excel、Word 类似，它将所有工作均保存在 Project（＊. OPJ）文件中。该文件包含多个子窗口，如 Worksheet、Graph、Matrix、Excel 等，各子窗口之间相互关联，可实现数据即时更新。子窗口可以随 Project 文件一起存盘，也可单独存盘，以便其他程序调用。

Origin 包含两大类功能：数据分析和图表绘制。Origin 的数据分析包括数据的排序、调整、计算、统计、信号处理、频谱变换、峰值分析、曲线拟合等各种完善的数学分析功能。准备好数据后进行数据分析时，只需选择所要分析的数据，然后再选择相应的菜单命令即可。曲线拟合是 Origin 重要的数据分析功能，Origin 提供了 200 多个拟合函数，而且支持用户定制。Origin 的绘图是基于模板的，Origin 本身提供了几十种二维和三维绘图模版，并允许用户自定义模板。绘图时，只需选择所要绘图的数据，然后再单击相应的工具栏按钮即可。

用户可以自定义数学函数、图形样式和绘图模板，也可自定义自己喜欢的菜单和命令按钮；可以和各种数据库软件、办公软件、图像处理软件等方便地连接。Origin 的数据导入形式有 ASCII、Excel、pClamp 等格式。同样 Origin 图形输出格式也有许多种，如 JPEG、GIF、EPS、TIFF 等。Origin 也支持编程，编程语言有 LabTalk 和 Origin C。在 Origin 原有基础上，用户可以通过编写 X-Function 来建立自己需要的特殊工具。X-Function 可以调用 Origin C 和 NAG 函数，而且可以很容易地生成交互界面。

18.2.2　Origin 应用举例

线性拟合在数据处理过程中非常常见，实验测试结果常以散点的形式出现，所以需要根据这些数据点进行线性拟合以找出其斜率和截距，比如在反应动力学中，求活化能和指前因子。

例 18.2　某化学反应的反应速率与温度关系如表 18.3 所示，求该反应的活化能和指前因子。

表 18.3　反应速率与温度的关系

$1/(T/\mathrm{K})$	0.00308	0.00315	0.00323	0.00332	0.00348
$\ln(k/\mathrm{L}\cdot\mathrm{mol}^{-1}\cdot\mathrm{s}^{-1})$	−1.7	−1.9	−2.1	−2.3	−2.7

根据 Arrhenius 方程的对数式 $\ln k_j = \ln A_j - \dfrac{E_{a,j}}{R} \times \dfrac{1}{T}$（式中，$E_{a,j}$ 为活化能，J/mol；

T 为反应温度，K；A_j 为指前因子，s^{-1}），利用表 18-3 中 $\ln k_j$ 和 $1/T$ 数据线性拟合即可得到指前因子 A_j（根据截距求得）和活化能 $E_{a,j}$（根据斜率求得）。

现利用 Origin 8.0 对表 18.3 中数据进行线性拟合，并求取活化能和指前因子。过程如图 18.3 至图 18.6 所示。由图 18.6 可知，斜率为 $-2468.1(-E_{a,j}/R)$，截距为 $5.8862(\ln A_j)$，由此求得该反应的活化能为 20520J/mol，指前因子为 360.03L/(mol·s)。

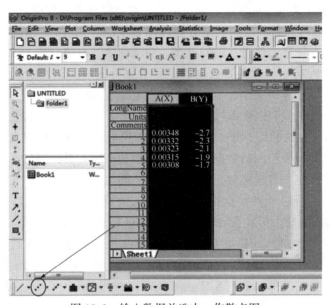

图 18.3　输入数据并选中，作散点图

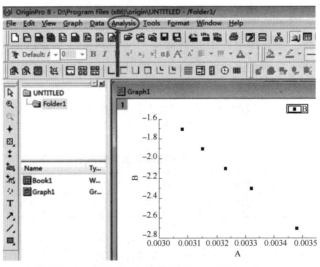

图 18.4　在 Analysis 中找到 Fit >> Fitting linear

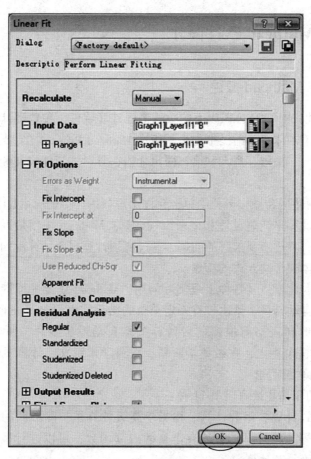

图 18.5 "Open dialogue">>"OK"

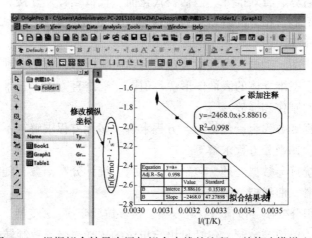

图 18.6 根据拟合结果表添加拟合直线的注释，并修改横纵坐标

18.3　Mathcad 软件简介

18.3.1　Mathcad 概述

Mathcad 是美国 PTC 公司旗下的一款工程计算软件，集数理计算、图形和文字处理等功能于一体，目前已推出最新版本 Mathcad Prime 4.0，支持 9 种语言版本：英语、德语、法语、意大利语、西班牙语、日语、简体中文和繁体中文、朝鲜语。

Mathcad 的使用和操作十分简单，允许用户利用详尽的应用数学函数和动态、可感知单位的计算来同时设计和记录工程计算。Mathcad 采用接近在黑板上写公式的方式让用户表述所要求解的问题，通过底层计算引擎计算返回结果并显示在屏幕上，充分体现了交互式的特点。

对于物理、化学以及各种工程实际问题，Mathcad 还能进行带有单位的运算和单位之间的自动转换，给出带有一定单位的结果。由于 Mathcad 工作页中的公式、数值、图形和表格能根据前后计算关系自动发生变化，所以说它们都是"活"的。利用这个特点，在做数学联系、撰写学术论文、计算机辅助教学等方面，可以节约许多时间。

Mathcad 的用途主要有以下 11 种：

(1) 表达式计算、函数计算。相当于高级计算机，除一般的加减乘除、对数、三角函数等简单计算外，还有丰富的内部函数，可以进行微分、积分、复数、矩阵等高级复杂计算。

(2) 符号运算、公式推导。包括公式化简、代数运算、方程及不等式的解析解、微分的解析解、积分的解析解、求极限、展开成幂级数、求多项式的系数、有理分式的展开等。

(3) 函数作图、动画。由函数表达式自动生成图形，包括二维平面的直角坐标及极坐标图，三维立体的表面图形、等值图、三维直方图、三维散步图、矢量图。另有动画的制作和播放。

(4) 解方程和方程组。包括一元方程求解、多元方程求解、不等式求解、常微分方程求解、偏微分方程求解等。

(5) 数理统计与数据处理。包括统计函数、统计分布函数、随机数、插值与预测、曲线平滑、曲线拟合函数等。

(6) 常用积分变换。包括傅立叶变换、拉普拉斯变换、Z 变换、小波变换等。

(7) 量纲、单位与数制。包括量纲与单位的选择命名、数制转换等。

（8）Mathcad 编程。包括语言特点、赋值语句、控制语句、应用等。

（9）Mathconnex。Mathconnex 相当于各种软件的数据交换平台，通过它与各种软件的数据可以进行双向的交流，如 Excel、Mathlab、Mathcad 软件间的连接与采用。选定组件、连接组件、系统调试与运行，组件包括输入输出、观察结果组件、计算组件、控制数据流组件、Text 文本组件、模块组件等。

（10）实验设计（DoE）。实验设计（DoE）提供超过 25 个新的函数，它们通过了解将影响实验的变量交互，借助 DoE 减少进行实验所需的时间和费用。DoE 帮助识别复杂过程的关键因素和最佳设置，它为数量较少但较为智能的实验提供了模板。如果有多个变量和级别，则这些模板是必不可少的。

（11）资源中心和在线帮助。包括电子书、网络连接等，如 Reference Tables、可查物性参数、化学元素等。电子书还包含了大量的数学在各领域中应用方面的内容。

18.3.2　Mathcad 应用举例

例 18.3　利用 Mathcad 求解三元一次方程组。

$$\begin{cases} 4a+8b+9c=-3 \\ 8a+3b+4c=-7 \\ 3a-7b+3c=7 \end{cases}$$

其输入和求解过程如图 18.7 所示，注意输入方程组的等号时要使用"Ctrl+="，否则系统报错。先输入 a，b，c 的初值，然后输入 given 和 find 求解过程。

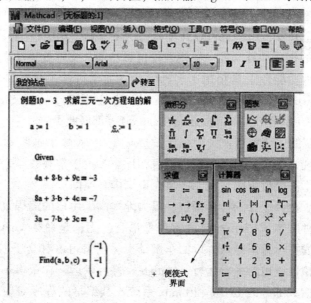

图 18.7　三元一次方程组的求解过程

其他功能应用不一一介绍，需要使用时请参看软件中的帮助。本例题介绍的目的在于让读者体会 Mathcad 软件的友好交互性，它具有独特的可视化格式和便笺式界面，可将直观、标准的数学符号、文本和图形均集成到一个工作表中。

18.4 Matlab 软件简介

18.4.1 Matlab 概述

Matlab 是美国 MathWorks 公司出品的商业数学软件，用于算法开发、数据可视化、数据分析以及数值计算的高级技术计算语言和交互式环境，主要包括 Matlab 和 Simulink 两大部分。在欧美各高等学校，Matlab 软件成为线性代数、自动控制理论、数字信号处理、时间序列分析、动态系统仿真、图像处理等诸多课程的基本教学工具，成为本科生、硕士生和博士生的必须掌握的基本技能。

Matlab 的主要用途有以下四种：

（1）数值和符号计算。

（2）绘图。

（3）一种语言体系，也可以方便地与 Fortran、C 等语言接口。

（4）工具箱(Toolbox)，分为功能性和学科性两种类。同时，其工具箱的数据文件代码完全开发，用户也可以开发自己的工具箱。功能性工具箱主要用来扩充 Matlab 软件的符号计算功能、图视建模仿真功能、文字处理功能以及硬件实时交互功能。这种功能性工具箱用于多种学科。而学科性工具箱是专业性比较强的，如控制工具箱（Control Toolbox）、信号处理工具箱（Signal Processing Toolbox）、通信工具箱(Communication Toolbox)等都属此类。

Matlab 语言的主要特点：

（1）语法规则简单。与其他编程语言相比更接近于常规数学表达，对于数组变量的使用，不需类型声明，也无需事先申请内存空间。

（2）提供了数以千计的计算函数，极大地提高了用户的编程效率。

（3）是一种脚本式(scripted)的解释型语言，无论是命令、函数或变量，只要在命令窗口的提示符下键入并以回车键结束，则 Matlab 都会予以解释执行。

（4）可移植性，可跨平台运行。Matlab 软件可以运行在很多不同的计算机系统平台上，包括大部分的 UNIX 和 Linux 系统，其编写的程序对应的数据文件是一致的，绘图功能也与平台无关。

18.4.2 Matlab 应用举例

例 18.4 青霉素发酵的实验数据如表 18.4 所示，请用最小二乘法进行拟合，并估算 t 为 10h，70h，130h，190h 时青霉素的浓度。

表 18.4 青霉素发酵的实验数据

t/h	青霉素浓度/(单位/mL)	t/h	青霉素浓度/(单位/mL)
0	0	120	9430
20	106	140	10950
40	1600	160	10280
60	3000	180	9620
80	5810	200	9400
100	8600		

解：程序使用最小二乘样条拟合，程序清单如下：

```
%调入实验数据
Data
t=[0 20 40 60 80 100 120 140 160 180 200];       % t（h）
C=[0 106 1600 3000 5810 8600 9430 10950 10280 9620 9400];
                %青霉素浓度(单位/mL)
%-------------------------------------
knots=6;
K=4;
m=6;
cs=spap2(knots,K,t,C);
cs=spap2(newknt(cs),K,t,C);

%求插值点 ti 处的青霉素浓度
ti=[10 70 130 190];
Ci1=fnval(cs,ti);

%计算时间间隔很小的 C~t 离散数据，以便绘制光滑的拟合曲线
t4plot=t(1):1:t(end);
C4plot1=fnval(cs,t4plot);

%计算结果及图形输出
```

```
%--------------------
fprintf('\n 在%s%s\n','ti=[10, 70, 130,190]',' 处的青霉素为:')
fprintf('%s\n','(a)最小二乘样条拟合方法:')
fprintf('    %.0f',Ci1)
plot(t,C,'ko',t4plot,C4plot1,'r-')
legend(' 实验点 ',' 最小二乘样条拟合 ')
xlabel(' 时间/h')
ylabel(' 青霉素浓度/(单位/mL)')
```

运行结果:

在 ti=[10,70,130,190]处的青霉素为:

(a)最小二乘样条拟合方法:

　105　4566　10421　9491

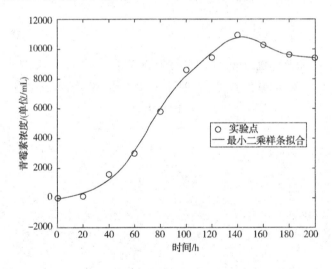

18.5　Design-Expert 软件简介

18.5.1　Design-Expert 软件概述

Design-Expert 是一款专门面向实验设计以及相关分析的软件,软件界面如图 18.8 所示。与其他一些老牌的专业数理统计分析软件如 JMP、SAS、Minitab 相比,它是一个专注于实验设计的工具软件,使用简单直接,不需要扎实的数理统计功底,就可以用这款软件设计出高效的实验方案,并对实验数据做专业的分析,给出全面、可视的模型以及优化结果。

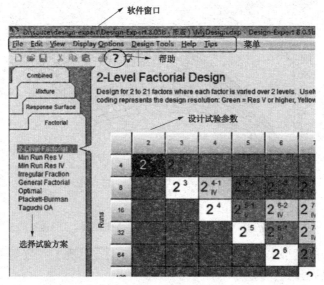

图 18.8 软件界面

Design-Expert 是全球顶尖级的试验设计软件，是容易使用、功能完整、界面最具亲和力的软件。Design-Expert 常用于响应面试验设计和分析，在已发表的相关响应面(RSM)优化试验的论文中，Design-Expert 是最广泛使用的软件。

18.5.2 响应面试验设计

响应面试验设计是利用合理的试验设计方法并通过实验得到一定数据，采用多元二次回归方程来拟合因素与响应值之间的函数关系，通过对回归方程的分析来寻求最优工艺参数，解决多变量问题的一种统计方法。

(1) 响应面的定义

响应面是指响应变量 η 与一组输入变量(ζ_1, ζ_2, ζ_3, …, ζ_k)之间的函数关系式：$\eta=f(\zeta_1, \zeta_2, \zeta_3, …, \zeta_k)$。例如在萃取化学中，研究者想求出温度($x_1$)、反应时间($x_2$)的水平以使过程的萃取率($y$)达到最优值。萃取率是萃取剂温度和反应时间的函数，假设为 $y=f(x_1, x_2)+\varepsilon$，其中 ε 表示为响应 y 的观测误差或噪声。如果记期望响应为 $E(y)=f(x_1, x_2)=\eta$，则由 $\eta=f(x_1, x_2)$ 表示的曲面称为响应面(见图 18.9)。

(2) 响应面模型

$\eta=f(\zeta_1, \zeta_2, \zeta_3, …, \zeta_k)$ 是未知的，要想构造如图 18.9 所示的响应面并进行分析以确定最优条件或寻找最优区域(最佳萃取率)，首先必须通过大量的测试验数据建立一个合适的数学模型(建模)，然后再用此数学模型作图。

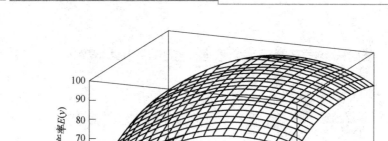

图 18.9　期望产率(η)作为萃取剂温度(x_1)、反应时间(x_2)的函数的三维响应面

用什么样的模型来估计 $\eta = f(\zeta_1,\ \zeta_2,\ \zeta_3,\ \cdots,\ \zeta_k)$ 呢？在数学分析上已有麦克拉林或泰勒展开式，即

$$f(x) = f(0) + \frac{f'(0)}{1!}x + \frac{f''(0)}{2!}x^2 + \frac{f'''(0)}{3!}x^3 + \cdots + \frac{f^{(n)}(0)}{n!}x^n + R_n(x)$$

一般均能满足收敛，因此用 $\eta = f(\zeta_1,\ \zeta_2,\ \zeta_3,\ \cdots,\ \zeta_k) \approx a + b \cdot \zeta_1 +,\ \cdots,\ +c \cdot \zeta_p +,\ \cdots,\ +d \cdot \zeta_1^2 +,\ \cdots,\ +e \cdot \zeta_p^2 + f \cdot \zeta_1\zeta_2 + \cdots + g \cdot \zeta_{p-1}\zeta_p$ 模型来估计响应面对应的函数关系式，若是拟合的效果不好，应考虑更高次拟合。

为了估算 $\eta = f(\zeta_1,\ \zeta_2,\ \zeta_3,\ \cdots,\ \zeta_k) \approx a + b \cdot \zeta_1 + \cdots + c \cdot \zeta_p + \cdots + d \cdot \zeta_1^2 + \cdots + e \cdot \zeta_p^2 + f \cdot \zeta_1\zeta_2 + \cdots + g \cdot \zeta_{p-1}\zeta_p$ 模型的参数 a、b、$\cdots$，必须进行大量实验获取试验点(x_{11}，$\cdots$，x_{p1}，y_1)，$\cdots$，(x_{1n}，$\cdots$，x_{pn}，y_n)，由试验点回归拟合得到模型参数，如果检验可信，则 x_1，$\cdots$，x_p，y 的关系就明确了，此时可利用该回归方程求取最优工艺参数。

（3）响应面试验点设计

为了使试验点(x_{11}，$\cdots$，x_{p1}，y_1)，$\cdots$，(x_{1n}，$\cdots$，x_{pn}，y_n)能够客观全面地反映实际问题，在实验进行之前需要研究者进行试验设计。

首先是试验水平和因素的选取，要求设计的实验点包括最佳实验条件，否则使用响应面优化法不能得到最优化结果。结合文献报道，一般实验因素与水平的选取可以采用多种实验设计的方法，主要有以下四种：

① 结合已有文献报道的结果，确定响应面试验的各因素与水平。

② 通过单因素实验，确定响应面试验的各因素与水平。

③ 通过爬坡实验，确定响应面试验的各因素与水平。

④ 通过两水平因子设计实验，确定响应面试验的各因素与水平。

在确立试验因素与水平之后，下一步即是试验设计。响应面分析的试验设计方法有：中心组合设计（包括通用旋转组合设计、二次正交组合设计等）、BOX

设计、二次饱和 D-最优设计、均匀设计、田口设计。中心组合设计 (Central Composite Design, CCD) 是响应面分析中最常用的二阶设计，又称星点设计，是多因素五水平(± 1、$\pm \alpha$、0) 的试验设计，如两因子组合设计中试验点设置见图 18.10。

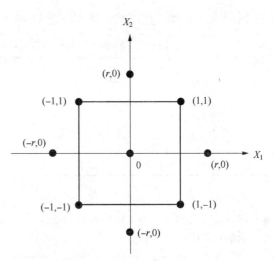

图 18.10　两因子组合设计试验点分布图

实验表通常是以代码的形式编排的，实验时再转化为实际操作值，中心组合设计中因素的水平取值为 ± 1、$\pm \alpha$、0，其中 ± 1 为因素上下水平的标准化编码，$\pm \alpha$ 为极值，$\alpha = F*(1/4)$，F 为析因设计部分试验次数；0 为中值。中心组合设计的试验点由三部分组成：

① 析因设计部分：将编码值-1 与 1 看成每个因子的两个水平，如同一次回归的正交设计那样，采用二水平正交表安排实验，可以是全因子试验，也可以是其 1/2 实施、1/4 实施等。记其试验次数为 m_c，则 $m_c = 2^k$，或 2^{k-1}（1/2 实施）、2^{k-2}（1/4 实施）等。

② 星点部分：各因素的极值水平。由于两水平析因设计只能作线性考察，需加上第二部分极值点才能适合非线性拟合。在每个因子的坐标轴上取两个试验点，该因子的编码值分别为 $-\gamma$ 和 γ，其他因子的编码值为 0。由于有 k 个因子，因此这部分试验点共有 $2k$ 个，常称这种试验点为星号点。

③ 中心点部分：在试验区域的中心进行 m_0 次重复试验，这时每个因子的编码值均为 0。中心点的个数与 CCD 设计的特殊性质如正交(orthogonal) 或均一精密(uniform precision) 有关。

二次回归正交旋转组合设计试验点的安排见表 18.5。

表 18.5　二次回归正交旋转组合设计试验点设置

k	m_c	m_r	r	m_0	n
2	4	4	1.414	8	16
3	8	6	1.682	9	23
4	16	8	2.000	12	36
5	32	10	2.378	17	59
5(1/2)	16	10	2.000	10	36

通用旋转组合设计试验点的安排见表 18.6。

表 18.6　通用旋转组合设计试验点设置

k	m_c	m_r	r	m_0	n
2	4	4	1.414	5	13
3	8	6	1.682	6	20
4	16	8	2.000	7	31
5	32	10	2.378	10	52
5(1/2)	16	10	2.000	6	32

通过对比表 18.5 和表 18.6，发现通用旋转设计的试验次数比正交旋转设计的次数要少，加上在单位超球体内各点预测值方差近似相等，因此实际应用中常采用通用旋转组合设计。

18.5.3　Design-Expert 软件与响应面试验设计的实例分析

例 18.5　微波法提取虾青素工艺条件的优化。变量 y（提取率）与因素 x_1（萃取时间）、x_2（萃取功率）、x_3（液料比）有关，因素水平表见表 18.7。

表 18.7　x_1、x_2、x_3 的变化范围

x	下限	上限	平均	标准差△
x_1	2	6	4	1.5
x_2	360	720	540	180
x_3	150 : 1	250 : 1	200 : 1	50

期望找出提取率 y 的最大值点，现采用通用旋转组合设计，由表 18.6 可知 $r=1.682$。各变量实际值标准化值见表 18.8。

表 18.8　x_1、x_2、x_3 实际值的标准化值

变量范围	实际变量 x			标准化后 z（编码）		
	x_1	x_2	x_3	z_1	z_2	z_3
上水平	6	720	250 : 1	1	1	1
零水平 x_0	4	540	200 : 1	0	0	0
下水平	2	360	150 : 1	−1	−1	−1
距零水平 r 点	6.523	842.76	284.1	r	r	r
距零水平 r 点	1.477	237.24	115.9	$-r$	$-r$	$-r$
标准差	1.5	180	50			

设回归方程 $y \approx b_0 + b_1 z_1 + \cdots + b_3 z_3 + b_{11} z_1^2 + \cdots + b_{33} z_3^2 + b_{12} z_1 z_2 + \cdots + b_{23} z_2 z_3$

现利用 Design Expert 软件求解回归方程参数并求解最佳提取工艺，具体的使用方法见图 18.11 至图 18.20。

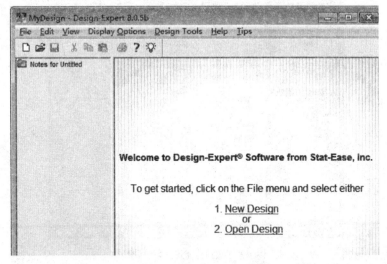

图 18.11　运行软件创建新的设计

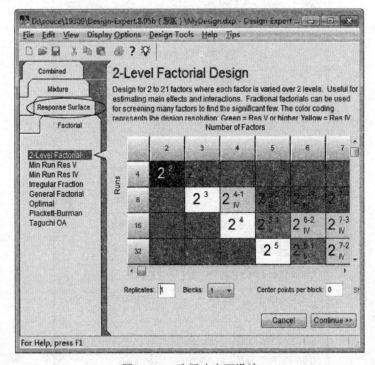

图 18.12　选择响应面设计

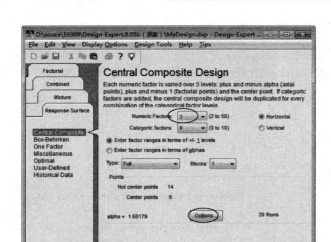

图 18.13　选择中心组合、因素数

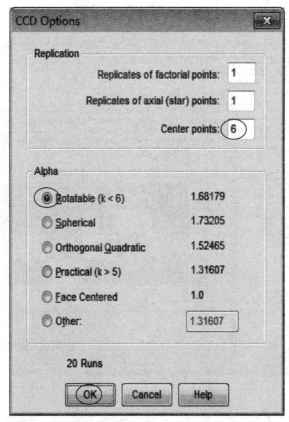

图 18.14　选择通用旋转中心组合设计中心试验次数

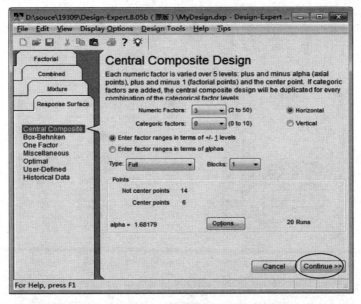

图 18. 15 按 Continue 继续

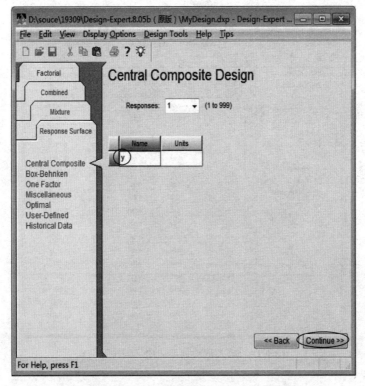

图 18. 16 给因变量命名，按 Continue 继续

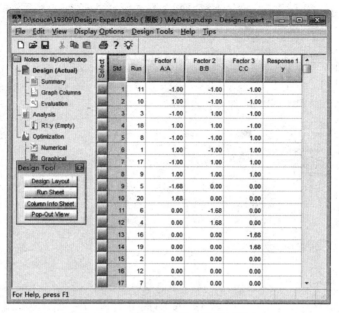

图 18.17　通用旋转组合设计试验点

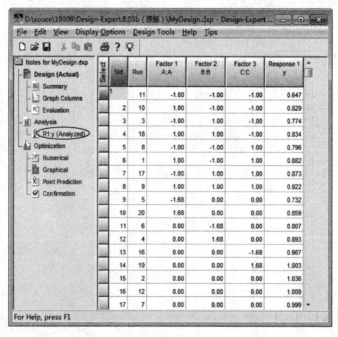

图 18.18　填入试验点响应值 y 与统计分析

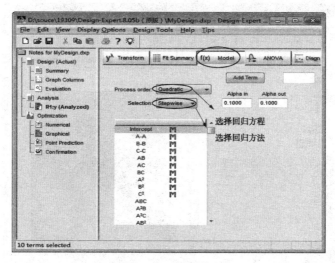

图 18.19　选择模型

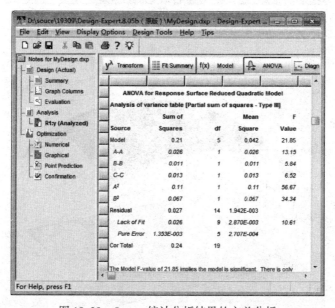

图 18.20　Output 统计分析结果的方差分析

p 值中，如果 $p \leqslant 0.05$ 的项对 y 影响显著，$p \leqslant 0.01$ 的项对 y 影响极显著，$p > 0.05$ 的项对 y 影响不显著，一般将该项剔除，重新计算。由图 18.18 统计分析结果，可知提取率 y 的响应面方程为：

$$y = 1.002 + 0.0432 * z_1 + 0.0288 * z_2 + 0.0304 * z_3 - 0.0870 * z_1^2 - 0.0677 * z_2^2$$

对应响应面的图形见图 18.21、图 18.22。

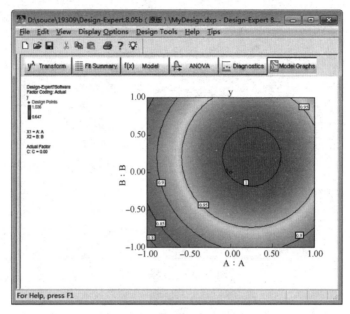

图 18.21　响应面的等高线图

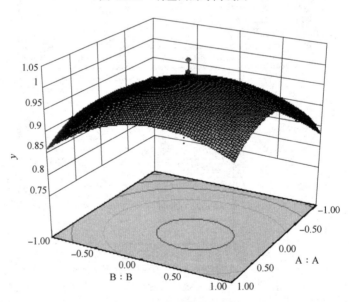

图 18.22　响应面的 3D 图

由图 18.23 可知，最大值 $y = 1.037$，最大值点 $(z_1, z_2, z_3) = (0.25, 0.28, 0.89)$，换算为实际值 $(x_1, x_2, x_3) = (z_1\Delta_1 + x_0, z_2\Delta_2 + x_0, z_3\Delta_2 + x_0) = (4.4, 590, 244)$。因此响应面法优化微波法提取虾青素工艺的结果是：在萃取时间 4.4 min，萃取功率 590 W，液料比 244：1 的条件下，虾青素提取率最佳，可达 1.037。

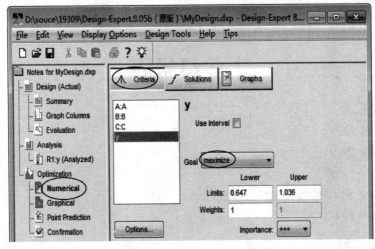

图 18.23 选择最大值点并运算

主要符号表

c	浓度
D	散度
D_F	分数维
$E(t)$	在 t 时间某组分的流出分率
E_x	相对误差
f	自由度
F	F 检验使用的统计量，质量流率
F_n	菲波那契数列
H	实验熵
I_p	输入向量
J_P	目标向量
k	反应速率常数
K	连串反应两步反应速率之比
M	位级和
n	测量次数，反应级数
O_p	输出向量
p	统计量，参数数目
Q	残差平方和
r	线性回归相关系数，反应速率，随机数
s	样本标准差
s^2	样本方差
S^*	最小方和
S_c	临界方和
S_E	剩余标准差
t	统计量，时间
T_p	目标向量
u	统计量
V	体积

w_n	肖维勒系数
W_{ij}	权值
x_i	测量值
$\bar{x}$	测量平均值
Y	输出向量
α	检验水平
γ	统计量
δ	增量
Δ	矩阵行列式的值
σ	总体标准差
σ^2	总体方差，σ 称为总体标准差
μ	数学期望，测量的真值
η	学习速率
θ	未失活分率，无因次时间，阈值
λ	统计量
ρ	似然比
τ	时间增量
χ^2	统计量

附录1 t分布临界值表①

λ／α f	0.10	0.05	0.01	λ／α f	0.10	0.05	0.01
1	6.314	12.706	63.657	18	1.734	2.101	2.878
2	2.920	4.303	9.925	19	1.729	2.093	2.861
3	2.353	3.182	5.841	20	1.725	2.086	2.845
4	2.132	2.776	4.604	21	1.721	2.080	2.831
5	2.015	2.571	4.032	22	1.717	2.074	2.819
6	1.943	2.447	3.707	23	1.714	2.069	2.807
7	1.895	2.365	3.499	24	1.711	2.064	2.797
8	1.860	2.306	3.355	25	1.708	2.060	2.787
9	1.833	2.262	3.250	26	1.706	2.056	2.779
10	1.812	2.228	3.169	27	1.703	2.056	2.771
11	1.796	2.201	3.106	28	1.701	2.048	2.763
12	1.782	2.179	3.055	29	1.699	2.045	2.756
13	1.771	2.160	3.012	30	1.697	2.042	2.750
14	1.761	2.145	2.977	40	1.684	2.021	2.704
15	1.753	2.131	2.947	60	1.671	2.000	2.660
16	1.746	2.120	2.921	120	1.658	1.980	2.617
17	1.740	2.110	2.898	∞	1.645	1.960	2.576

①f自由度，λ临界值；$P\{|t|>\lambda\}=\alpha$。

附录 2 标准正态分布的分布函数表

$$F_{0,1}(x) = \frac{1}{\sqrt{2\pi}} \int_{-\infty}^{x} e^{-\frac{t^2}{2}} dt$$

x	0.00	0.01	0.02	0.03	0.04	0.05	0.06	0.07	0.08	0.09
0.0	0.5000	0.5040	0.5080	0.5120	0.5160	0.5199	0.5239	0.5279	0.5319	0.5359
0.1	0.5398	0.5438	0.5478	0.5517	0.5557	0.5596	0.5636	0.5675	0.5714	0.5753
0.2	0.5793	0.5832	0.5871	0.5910	0.5948	0.5987	0.6026	0.6064	0.6103	0.6141
0.3	0.6279	0.6217	0.6255	0.6293	0.6331	0.6368	0.6406	0.6443	0.6480	0.6517
0.4	0.6554	0.6591	0.6628	0.6664	0.6700	0.6736	0.6772	0.6808	0.6844	0.6879
0.5	0.6915	0.6950	0.6985	0.7019	0.7054	0.7088	0.7123	0.7157	0.7190	0.7224
0.6	0.7257	0.7291	0.7324	0.7357	0.7380	0.7422	0.7454	0.7486	0.7517	0.7549
0.7	0.7530	0.7611	0.7642	0.7673	0.7704	0.7734	0.7764	0.7794	0.7823	0.7852
0.8	0.7881	0.7910	0.7939	0.7967	0.7995	0.8023	0.8051	0.8078	0.8106	0.8133
0.9	0.8159	0.8186	0.8212	0.8238	0.8264	0.8289	0.8315	0.8340	0.8365	0.8389
1.0	0.8413	0.8438	0.8461	0.8485	0.8508	0.8531	0.8554	0.8577	0.8599	0.8621
1.1	0.8643	0.8665	0.8686	0.8708	0.8729	0.8749	0.8770	0.8790	0.8810	0.8830
1.2	0.8349	0.8869	0.8888	0.8907	0.8925	0.8944	0.8962	0.8980	0.8997	0.9015
1.3	0.9032	0.9049	0.9066	0.9082	0.9099	0.9115	0.9131	0.9147	0.9162	0.9177
1.4	0.9192	0.9207	0.9222	0.9236	0.9251	0.9265	0.9279	0.9292	0.9306	0.9319
1.5	0.9332	0.9345	0.9357	0.9370	0.9382	0.9394	0.9406	0.9418	0.9429	0.9441
1.6	0.9452	0.9463	0.9474	0.9484	0.9495	0.9505	0.9515	0.9525	0.9535	0.9545
1.7	0.9554	0.9564	0.9573	0.9582	0.9591	0.9599	0.9608	0.9616	0.9625	0.9633
1.8	0.9641	0.9649	0.9656	0.9664	0.9671	0.9678	0.9686	0.9693	0.9699	0.9706
1.9	0.9713	0.9719	0.9726	0.9732	0.9738	0.9744	0.9750	0.9756	0.9761	0.9787
2.0	0.9772	0.9778	0.9783	0.9788	0.9793	0.9798	0.9803	0.9808	0.9812	0.9817

续表

x	0.00	0.01	0.02	0.03	0.04	0.05	0.06	0.07	0.08	0.09
2.1	0.9821	0.9826	0.9830	0.9834	0.9838	0.9842	0.9846	0.9850	0.9854	0.9857
2.2	0.9861	0.9864	0.9868	0.9871	0.9875	0.9878	0.9881	0.9884	0.9887	0.9890
2.3	0.9893	0.9896	0.9898	0.9901	0.9904	0.9906	0.9909	0.9911	0.9913	0.9916
2.4	0.9918	0.9920	0.9922	0.9925	0.9927	0.9929	0.9931	0.9932	0.9934	0.9936
2.5	0.9938	0.9940	0.9941	0.9943	0.9945	0.9946	0.9948	0.9949	0.9951	0.9952
2.6	0.9953	0.9955	0.9956	0.9957	0.9959	0.9960	0.9961	0.9962	0.9963	0.9964
2.7	0.9965	0.9966	0.9967	0.9968	0.9969	0.9970	0.9971	0.9972	0.9973	0.9974
2.8	0.9974	0.9975	0.9976	0.9977	0.9977	0.9978	0.9979	0.9979	0.9980	0.9981
2.9	0.9981	0.9982	0.9982	0.9983	0.9984	0.9984	0.9985	0.9985	0.9986	0.9986
3.0	0.9987	0.9987	0.9987	0.9988	0.9988	0.9989	0.9989	0.9989	0.9990	0.9990
3.1	0.9990	0.9991	0.9991	0.9991	0.9992	0.9992	0.9992	0.9992	0.9993	0.9993
3.2	0.9993	0.9993	0.9994	0.9994	0.9994	0.9994	0.9994	0.9995	0.9995	0.9995
3.3	0.9995	0.9995	0.9995	0.9996	0.9996	0.9996	0.9996	0.9996	0.9996	0.9997
3.4	0.9997	0.9997	0.9997	0.9997	0.9997	0.9997	0.9997	0.9997	0.9997	0.9998

附录3　F 检验的临界值（F_α）表

$\alpha = 0.05$

f_2＼f_1	1	2	3	4	5	6	7	8	9	10	12	14	16	18	20	f_1＼f_2
1	161	200	216	225	230	234	237	239	241	242	244	245	246	247	248	1
2	18.5	19.0	19.2	19.2	19.3	19.3	19.4	19.4	19.4	19.4	19.4	19.4	19.4	19.4	19.4	2
3	10.1	9.55	9.28	9.12	9.01	8.94	8.89	8.58	8.81	8.79	8.74	8.71	8.69	8.67	8.66	3
4	7.71	6.94	6.59	6.39	6.26	6.16	6.09	6.04	6.00	5.96	5.91	5.87	5.84	5.82	5.80	4
5	6.61	5.79	5.41	5.19	5.05	4.95	4.88	4.82	4.77	4.74	4.68	4.64	4.60	4.58	4.56	5
6	5.99	5.14	4.76	4.53	4.39	4.28	4.21	4.15	4.10	4.06	4.00	3.96	3.92	3.90	3.87	6
7	5.59	4.74	4.35	4.12	3.97	3.87	3.79	3.73	3.68	3.64	3.57	3.53	3.49	3.47	3.44	7
8	5.32	4.46	4.07	3.84	3.69	3.58	3.50	3.44	3.39	3.35	3.28	3.24	3.20	3.17	3.15	8
9	5.12	4.26	3.86	3.63	3.48	3.37	3.29	3.23	3.18	3.14	3.07	3.03	2.99	2.96	2.94	9
10	4.96	4.10	3.71	3.48	3.33	3.22	3.14	3.07	3.02	2.98	2.91	2.86	2.83	2.80	2.77	10
11	4.84	3.98	3.59	3.36	3.20	3.09	3.01	2.95	2.90	2.85	2.79	2.74	2.70	2.67	2.65	11
12	4.75	3.89	3.40	3.26	3.11	3.00	2.91	2.85	2.80	2.75	2.69	2.64	2.60	2.57	2.54	12
13	4.67	3.81	3.41	3.48	3.03	2.92	2.83	2.77	2.71	2.67	2.60	2.55	2.51	2.48	2.46	13
14	4.60	3.74	3.34	3.11	2.96	2.85	2.76	2.70	2.65	2.60	2.53	2.48	2.44	2.41	2.39	14
15	4.54	3.68	3.29	3.06	2.90	2.79	2.71	2.64	2.59	2.54	2.48	2.42	2.38	2.35	2.33	15
16	4.49	3.63	3.24	3.01	2.85	2.74	2.66	2.59	2.54	2.49	2.42	2.37	2.33	2.30	2.28	16
17	4.45	3.59	3.20	2.96	2.81	2.70	2.61	2.55	2.49	2.45	2.38	2.33	2.29	2.26	2.23	17
18	4.41	3.55	3.16	2.93	2.77	2.66	2.58	2.51	2.46	2.41	2.34	2.29	2.25	2.22	2.19	18
19	4.38	3.52	3.13	2.90	2.74	2.63	2.54	2.48	2.42	2.38	2.31	2.26	2.21	2.18	2.16	19
20	4.35	3.49	3.10	2.87	2.71	2.60	2.51	2.45	2.39	2.35	2.28	2.22	2.18	2.15	2.12	20
21	4.32	3.47	3.07	2.84	2.68	2.57	2.49	2.42	2.37	2.32	2.25	2.20	2.16	2.12	2.10	21
22	4.30	3.44	3.05	2.82	2.66	2.55	2.46	2.40	2.34	2.30	2.23	2.17	2.13	2.10	2.07	22

$\alpha = 0.05$ 续表

f_2 \ f_1	1	2	3	4	5	6	7	8	9	10	12	14	16	18	20	f_1 \ f_2
23	4.28	3.42	3.03	2.80	2.64	2.53	2.44	2.37	2.32	2.27	2.20	2.15	2.11	2.07	2.05	23
24	4.26	3.40	3.01	2.78	2.62	2.51	2.42	2.36	2.30	2.25	2.18	2.13	2.09	2.05	2.03	24
25	4.24	3.39	3.99	2.76	2.60	2.49	2.40	2.34	2.28	2.24	2.16	2.11	2.07	2.04	2.01	25
26	4.23	3.37	2.98	2.74	2.59	2.47	2.39	2.32	2.27	2.22	2.15	2.09	2.05	2.02	1.99	26
27	4.21	3.35	2.96	2.73	2.57	2.46	2.37	2.31	2.25	2.20	2.13	2.08	2.04	2.00	1.97	27
28	4.20	3.34	2.95	2.71	2.56	2.45	2.36	2.29	2.24	2.19	2.12	2.06	2.02	1.99	1.96	28
29	4.18	3.33	2.93	2.70	2.55	2.43	2.35	2.28	2.22	2.18	2.10	2.05	2.01	1.97	1.94	29
30	4.17	3.32	2.92	2.69	2.53	2.42	2.33	2.27	2.21	2.16	2.09	2.04	1.99	1.96	1.93	30
32	4.15	3.29	2.90	2.67	2.51	2.40	2.31	2.24	2.19	2.14	2.07	2.01	1.97	1.94	1.91	32
34	4.13	3.28	2.88	2.65	2.49	2.38	2.29	2.23	2.17	2.12	2.05	1.99	1.95	1.92	1.89	34
36	4.11	3.26	2.87	2.63	2.48	2.36	2.28	2.21	2.15	2.11	2.03	1.98	1.93	1.90	1.87	36
38	4.10	3.24	2.85	2.62	2.46	2.35	2.26	2.19	2.14	2.09	2.02	1.96	1.92	1.88	1.85	38
40	4.08	3.23	2.84	2.61	2.45	2.34	2.25	2.18	2.12	2.08	2.00	1.95	1.90	1.87	1.84	40
42	4.07	3.22	2.83	2.59	2.44	2.32	2.24	2.17	2.11	2.06	1.99	1.93	1.89	1.86	1.83	42
44	4.06	3.21	2.82	2.58	2.43	2.31	2.23	2.16	2.10	2.05	1.98	1.92	1.88	1.84	1.81	44
46	4.05	3.20	2.81	2.57	2.42	2.30	2.22	2.15	2.09	2.04	1.97	1.91	1.87	1.83	1.80	46
48	4.04	3.19	2.80	2.57	2.41	2.29	2.21	2.14	2.08	2.03	1.96	1.90	1.86	1.82	1.79	48
50	4.03	3.18	2.79	2.56	2.40	2.29	2.20	2.13	2.07	2.03	1.95	1.89	1.85	1.81	1.78	50
60	4.00	3.15	2.76	2.53	2.37	2.25	2.17	2.10	2.04	1.99	1.92	1.86	1.82	1.78	1.75	60
80	3.96	3.11	2.72	2.49	2.33	2.21	2.13	2.06	2.00	1.95	1.88	1.82	1.77	1.73	1.70	80
100	3.94	3.09	2.70	2.46	2.31	2.19	2.10	2.03	1.97	1.93	1.85	1.79	1.75	1.71	1.68	100
125	3.92	3.07	2.68	2.44	2.29	2.17	2.08	2.01	1.96	1.91	1.83	1.77	1.72	1.69	1.65	125
150	3.90	3.06	2.66	2.43	2.27	2.16	2.07	2.00	1.94	1.89	1.82	1.76	1.71	1.67	1.64	150
200	3.89	3.04	2.65	2.42	2.26	2.14	2.06	1.98	1.93	1.83	1.80	1.74	1.69	1.66	1.62	200
300	3.87	3.03	2.63	2.40	2.24	2.13	2.04	1.97	1.91	1.86	1.78	1.72	1.68	1.64	1.61	300
500	3.86	3.01	2.62	2.39	2.23	2.12	2.03	1.96	1.90	1.85	1.77	1.71	1.66	1.62	1.59	500
1000	3.85	3.00	2.61	2.38	2.22	2.11	2.02	1.95	1.89	1.84	1.76	1.70	1.65	1.61	1.58	1000
∞	3.84	3.00	2.60	2.37	2.21	2.10	2.01	1.94	1.88	1.83	1.75	1.69	1.64	1.60	1.57	∞

$\alpha = 0.01$ 续表

f_2 \ f_1	1	2	3	4	5	6	7	8	9	10	12	14	16	18	20	f_1 \ f_2
1	4052	4999	5403	5625	5764	5859	5928	5982	6022	6056	6106	6142	6169	6192	6209	1
2	98.5	99.0	99.2	99.2	99.3	99.3	99.4	99.4	99.4	99.4	99.4	99.4	99.4	99.4	99.4	2
3	34.1	30.8	29.5	28.7	28.2	27.9	27.7	27.5	27.3	27.2	27.1	26.9	26.8	28.8	26.7	3
4	21.2	18.0	16.7	16.0	15.5	15.2	15.0	14.8	14.7	14.5	14.4	14.2	14.2	14.1	14.0	4
5	16.3	13.3	12.1	11.4	11.0	10.7	10.5	10.3	10.2	10.1	9.89	9.77	9.68	9.61	9.55	5
6	13.7	10.9	9.78	9.15	8.75	8.47	8.26	8.10	7.78	7.87	7.72	7.60	7.52	7.45	7.40	6
7	12.2	9.55	8.45	7.85	7.46	7.19	6.99	6.84	6.72	6.62	6.47	6.36	6.27	6.21	6.16	7
8	11.3	8.65	7.59	7.01	7.63	6.37	6.18	6.03	5.91	5.81	5.67	5.56	5.48	5.41	5.36	8
9	10.6	8.02	6.99	6.42	6.06	5.80	5.61	5.47	5.35	5.26	5.11	5.00	4.92	4.86	4.81	9
10	10.0	7.56	6.55	5.99	5.64	5.39	5.20	5.06	4.94	4.85	4.71	4.60	4.52	4.46	4.41	10
11	9.65	7.21	6.22	5.67	5.32	5.07	4.89	4.74	4.63	4.54	4.40	4.29	4.21	4.15	4.10	11
12	9.33	6.93	5.95	5.41	5.06	4.82	4.64	4.50	4.39	4.30	4.16	4.05	3.97	3.91	3.86	12
13	9.07	6.70	5.74	5.21	4.86	4.62	4.44	4.30	4.19	4.10	3.96	3.86	3.78	3.71	3.66	13
14	8.86	6.51	5.56	5.04	4.70	4.46	4.28	4.14	4.03	3.94	3.80	3.70	3.62	3.56	3.51	14
15	8.68	6.36	5.42	4.89	4.56	4.32	4.14	4.00	3.89	3.80	3.67	3.56	3.49	3.42	3.37	15
16	8.53	6.23	5.29	4.77	4.44	4.20	4.03	3.89	3.78	3.69	3.55	3.45	3.37	3.31	3.26	16
17	8.40	6.11	5.18	4.67	4.34	4.10	3.93	3.79	3.68	3.59	3.46	3.35	3.27	3.21	3.16	17
18	8.29	6.01	5.09	5.58	4.25	4.01	3.84	3.71	3.60	3.51	3.37	3.27	3.19	3.13	3.08	18
19	8.18	5.93	5.01	4.50	4.17	3.94	3.77	3.63	3.52	3.43	3.30	3.19	3.12	3.05	3.00	19
20	8.10	5.85	4.94	4.43	4.10	3.87	3.70	3.56	3.46	3.37	3.23	3.13	3.05	2.99	2.94	20
21	8.02	5.78	4.87	4.37	4.04	3.81	3.64	3.51	3.40	3.31	3.17	3.07	2.99	2.93	2.88	21
22	7.95	5.72	4.82	4.31	3.99	3.76	3.59	3.45	3.35	3.26	3.12	3.02	2.94	2.88	2.83	22
23	7.88	5.66	4.76	4.26	3.94	3.71	3.54	3.41	3.30	3.21	3.07	2.97	2.89	2.83	2.78	23
24	7.82	5.61	4.72	4.22	3.90	3.67	3.50	3.36	3.26	3.17	3.03	2.93	2.85	2.79	2.74	24
25	7.77	5.57	4.68	4.18	3.86	3.63	3.46	3.32	3.22	3.13	2.99	2.89	2.81	2.75	2.70	25
26	7.72	5.53	4.64	4.14	3.82	3.59	3.42	3.20	3.18	3.09	2.96	2.86	2.78	2.72	2.66	26
27	7.68	5.49	4.60	4.11	3.78	3.56	3.39	3.26	3.15	3.06	2.93	2.82	2.75	2.68	2.63	27
28	7.64	5.45	4.57	4.07	3.75	3.53	3.36	3.23	3.12	3.03	2.90	2.79	2.72	2.65	2.60	28

$\alpha = 0.01$ 续表

f_2 \ f_1	1	2	3	4	5	6	7	8	9	10	12	14	16	18	20	f_2
29	7.60	5.42	4.54	4.04	3.73	3.50	3.33	3.20	3.09	3.00	2.87	2.77	2.69	2.62	2.57	29
30	7.56	5.39	4.51	4.02	3.70	3.47	3.30	3.17	3.07	2.98	2.84	2.74	2.66	2.60	2.55	30
32	7.50	5.34	4.46	3.97	3.65	3.43	3.26	3.13	3.02	2.93	2.80	2.70	2.62	2.55	2.50	32
34	7.44	5.29	4.42	3.93	3.61	3.39	3.22	3.09	2.98	2.89	2.76	2.66	2.58	2.51	2.46	34
36	7.40	5.25	4.38	3.89	3.57	3.35	3.18	3.05	2.95	2.86	2.72	2.62	2.54	2.48	2.43	36
38	7.35	5.21	4.34	3.86	3.54	3.32	3.15	3.02	2.92	2.83	2.69	2.59	2.51	2.45	2.40	38
40	7.31	5.18	4.31	3.83	3.51	3.20	3.12	2.99	2.89	2.80	2.66	2.56	2.48	2.42	2.37	40
42	7.28	5.15	4.29	3.80	3.49	3.27	3.10	2.97	2.86	2.78	2.64	2.54	2.46	2.40	2.34	42
44	7.25	5.12	4.26	3.78	3.47	3.24	3.08	2.95	2.84	2.75	2.62	2.52	2.44	2.37	2.32	44
46	7.22	5.10	4.24	3.76	3.44	3.22	3.06	2.93	2.82	2.73	2.60	2.50	2.42	2.35	2.30	46
48	7.20	5.08	4.22	3.74	3.43	3.20	3.04	2.91	2.80	2.72	2.58	2.48	2.40	2.33	2.28	48
50	7.17	5.06	4.20	3.72	3.41	3.19	3.02	2.89	2.79	2.70	2.56	2.46	2.38	2.32	2.27	50
60	7.08	4.98	4.13	3.65	3.34	3.12	2.95	2.82	2.72	2.63	2.50	2.39	2.31	2.25	2.20	60
80	6.96	4.88	4.04	3.56	3.26	3.04	2.87	2.74	2.64	2.55	2.42	2.31	2.23	2.17	2.12	80
100	6.90	4.82	3.98	3.51	3.21	2.99	2.82	2.69	2.59	2.50	2.37	2.26	2.19	2.12	2.07	100
125	6.84	4.78	3.94	3.47	3.17	2.95	2.79	2.66	2.55	2.47	2.33	2.23	2.15	2.08	2.03	125
150	6.81	4.75	3.92	3.45	3.14	2.92	2.76	2.63	2.53	2.44	2.31	2.20	2.12	2.06	2.00	150
200	6.76	4.71	3.88	3.41	3.11	2.89	2.73	2.60	2.50	2.41	2.27	2.17	2.09	2.02	1.97	200
300	6.72	4.68	3.85	3.38	3.08	2.86	2.70	2.57	2.47	2.33	2.24	2.14	2.06	1.99	1.94	300
500	6.69	4.65	3.82	3.36	3.05	2.84	2.68	2.55	2.44	2.36	2.22	2.12	2.04	1.97	1.92	500
1000	6.66	4.63	3.80	3.34	3.04	2.82	2.66	2.53	2.43	2.34	2.20	2.10	2.02	1.95	1.90	1000
∞	6.63	4.61	3.78	3.32	3.02	2.80	2.64	2.51	2.41	2.32	2.18	2.08	2.00	1.93	1.88	∞

附录 4 χ^2 分布表

f \ α	0.99	0.98	0.95	0.90	0.50	0.10	0.05	0.02	0.01	0.001
1	0.000	0.001	0.001	0.016	0.455	2.71	3.84	5.41	6.64	10.83
2	0.020	0.040	0.103	0.211	1.386	4.61	5.99	7.82	9.21	13.82
3	0.115	0.185	0.352	0.584	2.366	6.25	7.82	9.84	11.34	16.27
4	0.297	0.429	0.711	1.064	3.357	7.78	9.49	11.67	13.28	18.47
5	0.554	0.752	1.145	1.610	4.351	9.24	11.07	13.39	15.09	20.52
6	0.872	1.134	1.635	2.204	5.35	10.65	12.59	15.03	16.81	22.46
7	1.239	1.564	2.167	2.833	6.35	12.02	14.07	16.62	18.48	24.37
8	1.646	2.032	2.731	3.490	7.34	13.36	15.51	18.17	20.09	26.13
9	2.088	2.532	3.325	4.168	8.34	14.68	16.92	19.68	21.67	27.88
10	2.558	3.059	3.940	4.865	9.34	15.99	18.31	21.16	23.21	29.59
11	3.05	3.61	4.57	5.58	10.34	17.28	19.68	22.62	26.73	31.26
12	3.57	4.18	5.23	6.30	11.34	18.55	21.03	24.05	26.22	32.91
13	4.11	4.76	5.89	7.04	12.34	19.81	22.36	25.47	27.69	34.53
14	4.66	5.37	6.57	7.79	13.34	21.06	23.69	26.87	29.14	36.17
15	5.23	5.99	7.26	8.55	14.34	22.31	25.00	28.26	30.58	37.70
16	5.81	6.61	7.96	9.31	15.34	23.54	26.30	29.63	32.00	39.25
17	6.41	7.26	8.67	10.09	16.34	24.77	27.59	31.00	33.41	40.79
18	7.02	7.91	9.39	10.87	17.34	25.99	28.87	32.35	33.81	42.31
19	7.63	8.57	10.12	11.65	18.34	27.20	30.14	33.69	36.19	43.82
20	8.26	9.24	10.85	12.44	19.34	28.41	31.41	35.02	37.57	45.32
21	8.90	9.91	11.59	13.24	20.34	29.61	32.67	36.34	38.93	46.80
22	9.54	10.60	12.34	14.04	21.34	30.81	33.92	37.66	40.29	48.27

续表

f \ α	0.99	0.98	0.95	0.90	0.50	0.10	0.05	0.02	0.01	0.001
23	10.20	11.29	13.09	14.85	22.34	32.01	35.17	38.97	41.64	49.73
24	10.86	11.99	13.85	15.66	23.34	33.20	36.42	40.27	42.98	51.18
25	11.52	12.70	14.61	16.47	24.34	34.38	37.65	41.57	44.31	52.62
26	12.20	13.41	15.38	17.29	25.34	25.56	38.89	42.86	45.64	54.05
27	12.88	14.12	16.15	18.11	26.34	36.74	40.11	44.14	46.96	55.48
28	13.56	14.85	16.93	18.94	27.34	37.92	41.34	45.42	48.28	56.89
29	14.26	15.57	17.71	19.77	28.34	39.09	42.56	46.69	49.59	58.30
30	14.95	16.31	18.49	20.60	29.34	40.26	43.77	47.96	50.89	59.70

参 考 文 献

[1] 孙培勤，刘大壮. 实验设计数据处理与计算机模拟[M]. 郑州：河南科学技术出版社，2001.

[2] 黄鸿恩，赵天健，陈炎. 统计分析与环境监测质量保证[M]. 郑州：河南科学技术出版社，1992.

[3] 江体乾. 化工数据处理[M]. 北京：化学工业出版社，1984.

[4] 朱中南，戴迎春. 化工数据处理与实验设计[M]. 北京：烃加工出版社，1989.

[5] 化学工业部化工科研计算机应用中心站. 序贯实验设计方法译文集. 北京：化学工业出版社，1983.

[6] 全国化工系统高校数学协作组. 概率统计[M]. 郑州：河南科学技术出版社，1998.

[7] 佛明义，贺建勋. 数理统计分析与实验设计[M]. 西安：西北大学出版社，1992.

[8] 欧阳国恩，欧国荣. 复合材料试验技术[M]. 武汉：武汉工业大学出版社，1996.

[9] 周义仓，赫孝良. 数学建模实验[M]. 西安：西安交通大学出版社，1999.

[10] 叶其孝，大学生数学建模竞赛辅导教材[M]. 长沙：湖南教育出版社，1994.

[11] 胡上序，陈德钊. 观测数据的分析与处理[M]. 杭州：浙江大学出版社，1996.

[12] 杨玉良，张红东. 高分子科学中的 Monte Carlo 方法[M]. 上海：复旦大学出版社，1993.

[13] 王福安，蒋登高. 化工数据导引[M]. 北京：化学工业出版社，1995.

[14] 张立明. 人工神经网络的模型及其应用[M]. 上海：复旦大学出版社，1994.

[15] 周继成. 人工神经网络——第六代计算机的实现[M]. 北京：科学普及出版社，1993.

[16] Phil Laplanle 著. 分形图形基础与编程技巧[M]. 张维存，王商武译. 北京：学苑出版社，1994.

[17] 辛厚文. 分形理论及其应用[M]. 合肥：中国科学技术大学出版社，1993.

[18] 葛宜元，王俊发. 试验设计方法与 Design-Expert 软件应用[M]. 哈尔滨：哈尔滨工业大学出版社，2015.

[19] 方开泰. 均匀设计与均匀设计表[M]. 北京：科学出版社，1994.

[20] WANG y(王元)，FANG K T(方开泰). Number-theoretic methods in applied statistics[J]. Chinese Annals of Mathe-matics，1990，11B(3)：384-395.

[21] 栾军. 现代实验设计优化方法[M]. 上海：上海交通大学出版社，1995.

[22] 史建公，洪定一，韩春国. 均匀设计及其在化工中的应用[J]. 石油化工，1995，24(4)：264-269.

[23] HAN Jiawei，Micheline Kamber. 数据挖掘概念与技术[M]. 3 版. 北京：机械工业出版社，2012.

[24] 周志华. 机器学习[M]. 北京：清华大学出版社，2016.

[25] 李艳，刘信杰，胡学钢. 数据挖掘中朴素贝叶斯分类器的应用[J]. 潍坊学院学报，2007，7(4)：48-50.

［26］人工智能从 0 到 1，无师自通完爆阿法狗 100-0［N/OL］．［2017-12-05］．http://www.ee-trend.com/node/100074958.

［27］国务院. 新一代人工智能发展规划［OL］. 2017-07-20. http://www.gov.cn/zhengce/content/2017-07/20/content_5211996.htm.

［28］黄华江. 实用化工计算机模拟：MATLAB 在化学工程中的应用［M］. 北京：化学工业出版社，2010.

［29］徐向宏，何明珠. 试验设计与 Design-Expert，SPSS 应用［M］. 北京：科学出版社，2010.

［30］李洪发. Excel 2016 中文版完全自学手册［M］. 北京：人民邮电出版社，2017.

［31］张培忠. Mathcad 学步随笔［M］. 北京：中国水利水电出版社，2013.

［32］于成龙，郝欣，沈清. Origin 8.0 应用实例详解［M］. 北京：化学工业出版社，2010.

［33］刘大壮，徐海生. 反应过程工艺条件优化——连串反应最佳工艺条件确定［M］. 北京：化学工业出版社，1993.

［34］王建国，李永旺，陈诵英，等. 一些简单和复杂反应动力学的 Monte Carlo 模拟［J］. 化学通报，1993(12)：55-57.

［35］LIU Dazhuang(刘大壮)，XU Haisheng(徐海生)，WANG Anzhong(王安中). Optimization of Consecutive Reactions with Recovery and Reuse of Unconverted Reactant［J］. Ind Eng Chem Res，1987，26(2)：376-378.

［36］Kambitsis，Turton R，Levenspiel O. Comments on "Optimization of Consecutive Reactions with Recovery and Reuse of Unconverted Reactan"［J］. Ind Eng Chem Res，1998，27(1)：212-213.

［37］LIU Dazhuang(刘大壮)，ZHAO Jianhong(赵建宏)，SONG Chengying(宋成盈)，et al. The Desorption Isotherms of Iodine from the Catalyst of Iodine-Activated Carbon［J］. Carbon，1993，31(1)：81-85.

［38］LIU Dazhuang(刘大壮). The Loss Rate by Sublimation of Mercuric Chloride Adsorbed on Activated Carbon［J］. Carbon，1993，31(8)：1237-1242.

［39］LIU Dazhuang(刘大壮)，ZHANG Lixiong(张利雄)，YANG Biguang(杨碧光)，et al. Investigations on the Loss Mechanisms and the Loss Kinetics of Molybdenum Trioxide on alumina and Silica［J］. Appl Catal，1993，A105：185-194.

［40］ZHANG Lixiong(张利雄)，LIU Dazhuang(刘大壮)，YANG Biguang(杨碧光)，et al. Investigations of the Mechanisms and Kinetics Leading to a Loss of Molybdenum from Bismuth Molybdate Catalysts［J］. Appl Catal，1994，A(117)：163~171.

［41］LIU Dazhuang(刘大壮)，ZHAO Jianhong(赵建宏)，TIAN Huimin(田慧敏)，et al. Kinetics of Molybdenum Loss from Iron Molybdate Catalysts Under Nitrogen Atmosphere［J］. React Kinet Catal Lett，1997，62(2)：347-352.

［42］LIU Dazhuang(刘大壮)，HE Wensheng(何文胜). Determination of Equilibrium Dispersion of Pt on Al_2O_3 Support in Sintering Process［J］. React Kinet Catal Lett，2000，71(2)：295-

300.

[43] 刘大壮, 李焦峰. 在 Al_2O_3 载体上 MoO_3 升华流失机理和流失动力学[J]. 化学反应工程与工艺, 1989, 5(3): 19-25.

[44] 刘大壮, 马法书, 何文胜. 催化裂化再生器中 Pt/Al_2O_3 助燃剂的失活动力学[J]. 石油化工, 2001, 30(1): 5-8.

[45] 刘大壮, 张丽, 郭新闻, 等. GPLE 失活动力学模型的实验设计[J]. 郑州工业大学学报, 1999(1): 4-6.

[46] 孙培勤, 刘大壮. BET 法测定比表面的区间估算[J]. 石油化工, 1989(12): 847-851.

[47] 孙培勤, 刘大壮. RTD 曲线与补加催化剂的最佳周期[J]. 石油化工, 1991(7): 458-462.

[48] 孙培勤, 赵科, 刘大壮, 等. VAc—BA 乳液共聚实验及 Monte Carlo 模拟[J]. 高分子材料科学与工程, 1999(6): 46-48.